吃的美德

餐桌上的哲学思考

[英] 朱利安·巴吉尼（Julian Baggini）◎著

闫 佳 ◎译

朱 虹 ◎主编

The Virtues of
the Table

How to
Eat
and Think

北京联合出版公司
Beijing United Publishing Co.,Ltd.

朱利安·巴吉尼系列作品

作者演讲洽谈，请联系 speech@cheerspublishing.com

" 知道怎么

吃，

就是知道怎么

活。 "

THE VIRTUES OF THE TABLE

法国名厨奥古斯特·埃斯科菲耶
（Auguste Escoffier）

我所享受的吃的美德

朱虹

美食评论家

　　第一次听说湛庐文化引进《吃的美德》应该是一年多以前，甚至更久远。湛庐文化对待作者和作品的态度一向严谨审慎，时隔这么久才又坐下来一起商讨《吃的美德》中文简体版的出版事宜，很让我期待。我在阅读译稿的同时，也比对了繁体版，思考着如何让简体版做出不一样的特色，既吸引关注哲学的读者，也击中关注美食的饕客，让更多国人对吃的态度从盲目无感转为有思考、有选择。

　　一直以来，国内的美食书籍除了食谱汇集就是养生常识，不免有些乏味和趋于同质化，偶尔有美食家会写写自己的觅食心得，可总觉得少了更有深度有内涵的关于吃的思考。泱泱大国，拥有着丰富的食材资源，以及厚重的美食文化底蕴，一部《舌尖上的中国》纪录片让全中国的人都在关注吃这个话题。食物和人之间的关系，从来都是情感的体现和承载，只是我们习以为常，忽略了食物带给我们的思考。

　　千百年来，食物随着我们生活的变迁也在不停地变化着，吃饭这件事情无形中折射出我们的生活方式、人生态度和价值观。《吃的美德》的作者朱利安·巴吉尼先生虽然来自传说中没有什么美食的英国，虽然他对中国饮食文化不算了解，但竟然写出了和佛家儒教大智慧异曲同工的哲学道理，让餐桌上这点事儿透着奥妙，充满哲理，引人深思。

有幸成为《吃的美德》的主编，必须要感谢湛庐文化给予的信任。作为美食爱好者、美食新媒体营销从业者，创业做出过美食行业用户覆盖量第一的社区平台，也帮助过很多素人出版了美食书，完成他们的个人梦想，可参与到这样一本美食哲学书的出版策划过程里还真是头一遭。有很多新鲜有意思的想法想尝试，但我能贡献的仅仅只有对美食的感觉、对美食出版物的理解和相关的一些资源，更多地还是依赖于译者和编辑们辛苦扎实的工作。

另外，要感谢参与到这本书的精彩创新之别册——《吃的美德·料理特辑》的所有顶级水准的厨师，他们活跃在当今专业美食的金字塔尖，他们追求完美，用自己的双手呈现对食物的理解和尊重，满足食客挑剔的味蕾，他们对待食物的态度正是巴吉尼所推崇的。每一道食物都经由他们的头脑、他们的双手和他们的真心亲自制作完成。

感谢美味关系创始人 Jessie 和她的团队，是她们帮助我一起实现这本书创新部分的想法。别册中的照片来自张昕、赵歆宇和李德修，他们用独特的视觉和发现美的能力使顶级厨师们的作品更加完美地呈现在镜头里。

真诚感谢沈宏非老师、陈晓卿老师和黄磊先生等人的精辟推荐，他们都是在认真读完预读本后才写下的感受，相信可以让更多读者在拿到本书前就和我一样心生期待。

《吃的美德》出版后，我依然会好好吃，好好生活，这是我的态度，我所享受的吃的美德！

吃，深刻的哲学体验

　　站在西方人的立场，《吃的美德》背后的哲学灵感无疑来自亚里士多德。不过，我逐渐意识到，如果我接受的是东方文化的教育，关于吃的美德的哲学灵感追溯回孔子同样很容易。

　　孔子与亚里士多德有一个共同的信念：生活得好的关键是美德，而举止得体是美德，这没什么可争论的。美德的培养，来自孔子所谓的"礼"，亚里士多德所谓的"习惯"。不管是礼还是习惯，都需要通过实践训练自己使举止得体成为本能。两位先哲意见相同的另一点是，他们各自提供了"中庸之道"的不同版本。所谓中庸之道，是指正确的行为方式几乎从来不是极端的，而是介乎其间。故此，举例来说，勇敢的美德要在怯懦与鲁莽这两个极端的中间去找。从本质上说，中庸之道就是适度。

　　但这一切跟食物有什么关系呢？关系太多了。吃是我们日常生活的关键部分，所以，围绕吃养成的习惯，有助于陶冶性情，影响我们的日常行为。一如我在《吃的美德》中所提出的，怎样吃，既反映了我们的行为方式，也塑造了我们的行为方式。

让我们先来看看孔子关于食物的一些观点，我想你在本书中能找到与之呼应的地方。孔子说："君子食无求饱。"你或许认为，这是说孔子认为我们应该对食物没什么兴趣才好，但你很快就会发现，这与孔子哲学的其他部分并不吻合。正确的解释应该是，美德要求我们不做味觉欲望的奴隶。被自己胃口控制的人，永远不可能成为自己的主人。

有德行的人用不着放弃享受美食，只是不依赖它。在恰当的时候享受美食，和就算没有美食也心满意足，是一回事。这就是为什么孔子说"饭疏食，饮水，曲肱而枕之，乐亦在其中矣"的原因，只要不是口腹之欲的奴隶，为什么不能恰到好处地享受食物呢？这就是中庸之道的具体体现，它既不倡导沉迷于美食的愉悦，也不鼓吹苦行般地拒绝所有感官乐趣。

孔子似乎对自己宣传的"道"身体力行。他从不给自己设定饮酒的限制，但也从不喝醉。我们发现一个有趣的现象，他在齐国听到美妙的韶乐时赞美说"三月不知肉滋味"，这清楚地表明他平常是"知道肉味"的。是一场不同寻常的经历，让孔子对美食之乐感到麻木。而且，他对精美烹饪也很欣赏，因为他说："食不厌精，脍不厌细。"他还主张要仔细品味食物："人莫不饮食也，鲜能知味也。"

食物是美好生活的一部分，主要原因并不在于它有出色的品质。相反，良好的日常饮食，关乎正确准备良好食材，孔子在这一点上相当坚决："食噎而谒，鱼馁而肉败，不食。色恶，不食。失饪，不食。不时，不食。割不正，不食。不得其酱，不食。"孔子还崇尚按正确的比例吃东西，哪怕有丰富的食物，也只吃适当的分量。因此，"肉虽多，不使胜食气"。

孔子对饮食习惯的评论中，"不时，不食"这一点从当下西方的视角看来极为有趣，因为按"时令"而吃的观点，直到最近才在西方流行开来。由于工业化农业生产的出现，人们基本上不再熟悉"不同的食物在不同的季节上市"这个观念。现代农业技术和储存方式的进步，再加上国际航运，我们现在几乎能在一年的任何时候买到任何食材。一整代人成长起来，几乎不知道食物有"当季"这个概念。

在我看来，中国在这一点上并未迷失。我最近去中国旅行时发现，几乎所有的自助餐都提供"当季蔬菜"。在西方，只有时尚餐厅才能做到。在中国，我认为，食物当季供应恐怕是常识。我在《吃的美德》里谈到很多"时令是件好事"的内容，但我很高兴看到，这种饮食美德牢牢地扎根在中国的文化当中。

中国政府最近将"孔府家宴"（尽管通常而言，它并不属于中国的著名地方菜系）列入联合国教科文组织世界非物质文化遗产，重振了孔子与美食之间的联系。孔府家宴以山东地区的"鲁菜"为基础，同时受中原和淮扬饮食传统的影响。它的部分菜肴就是对哲学的实际演示。例如，孔子的思想倡导和谐，通常用汤作为例子来说明。汤里如果只有一种食材，往往乏味、无趣。口味的和谐需要差异，不统一。三鲜汤让这种假设变成了具体的现实，它将鸡、鸭、猪蹄同煨，造就了浓郁的肉汤。做好这道汤，需要对烹饪技术精妙掌握，从而又展现出从传统中耐心学习的美德。

然而，和谐需要多样性，意味着有时候不同的意见也是必要的。晏子批评齐景公的臣下据总是唯唯诺诺："君所谓可，据亦曰可；君所谓否，据亦曰否。若以水济水，谁能食之？"所以，虽然我主要强调孔子、亚里士多德和《吃的美德》之间和谐的一致性，但有一点，我是无法认同仲尼先生的——"食不言"。

我是半个意大利人，在我们的文化里，吃往往体现了宴饮之欢的美德。围着一张桌子吃饭，是谈话的最佳时刻。吃是一种深刻的人文主义体验，它把所有人都带到了同一层面上：不管是国王还是农夫，所有人都必须吃东西。从中庸之道出发，显然可以推导出，在餐桌边保持沉默，跟边吃边扯着嗓子大呼小叫，同样不够得体。吃带来了对话的可能性，而《吃的美德》，就是邀你加入对话的请柬。

生活是为了吃饭，还是吃饭为了生活？

照理说，我们生活在食物的黄金时代。长久以来跟家务琐事挂着钩的烹饪，在全新的审美下变成了一项创造性的享乐。高档餐馆的质量持续走高，真正优秀的餐馆数量也在增加。营养学，如今虽不甚完整，却也让我们很好地窥视到了健康饮食应该有的样子。就在不久之前还显得充满异国情调、难以获取的食物调料，如今每家超市都买得到。以人道方式饲养的动物、以可持续性方式生产的产品，获取方式也前所未有地方便了。

可人们心底始终存在着挥之不去的疑虑：所有这一切，会不会其实毫无实质性意义呢，就像全世界美食家朝拜的圣殿——米其林星级餐厅奉上的芦笋泡沫？怀疑论者对新食物主义的狂热和过激行为越发感到不满，作家史蒂文·普尔（Steven Poole）捕捉到了这种逆反情绪，写出了奇妙辛辣的讽刺之作《人非其食》（*You*

Aren't What You Eat）[1]。就连正经的美食作家，如亚当·戈普尼克（Adam Gopnik）也对此表示关切："就因为把食物变成了一件更时尚的东西，结果吃反而成了更微不足道的主题。"追随最新菜式、潮流餐厅、饮食时尚、营养建议、烹饪书或厨房小工具的冲动，演变成了一股自发的势头，人们反而忘了一开始为什么要关注饮食（当然，说不定我们从来就不知道是为了什么）。

食物复兴里缺少了一味药，即严谨地思考为什么食物至关重要，人类跟食物的关系究竟应该怎样。没有这样的食物理念，我们的实践就会变成种种互相矛盾的时尚、常识、偏见和合理化欲望的大杂烩，新的饮食文化也会凌乱不畅：星期五晚上点外卖，星期六早晨上农贸市场；晚饭吃本地产甜菜，早餐却喝起优质进口橙汁和咖啡；吃升糖指数低（low-GI）的全麦面包，却同时搭配着高脂肪的手工奶酪。

本书试图通过阐述一套连贯、彻底、适用面广泛的饮食和生活理念，理清这团乱麻。我的论述重点，不是规矩和原则，而是美德——我用它指代有助于我们更好地生活的性格、习惯、特点、技能或价值观。这些东西，不见得都来自我们熟悉的"传统美德"，但是我们的词汇表太有限了，恐怕不能找到更合适的说法去表达。举例来说，有能力恰如其分地欣赏艺术，属于美德的范畴，但似乎并没有一个词可以概述这种能力。

我主张吃的"美德"，而不愿提"规矩"。因为规矩太死板，无从应对与食物（甚至是生活）有关的大部分复杂问题。如果你的行为建立在规矩之上，而这些规矩，你打从开头就知道注定会扭曲甚至违背，那么结果往往是虚伪的、混乱的。然而，美德在本质上更加灵活，更容易适应不同的环境和变化的时代。此外，美德不仅仅是让人按照他人制定的准则做事，还更多地培养个人进行自我选择的能力，故此更具促进意义。

---

[1] 这个书名引申自英语中一个出名的固定说法，"You are what you eat"，即"人如其食"，源自 20 世纪 70 年代推崇自然饮食的风潮。——译者注

本书的每一章，都以饮食的某个方面为重点，同时关注与之挂钩的一项美德。这些美德又与本书的最高主题息息相关，即搞清楚我们应该怎样生活，才能发挥完整的自我——我们是思想和身体的生物，在某种意义上，也是心与灵的生物。理解这四者如何构成整体，并不是只有食物这一把钥匙，但它是最贴切的一把，因为它涉及人类本性的每一个重要方面：动物性、感知性、社会性、文化性、创意性、情绪性以及知识性。认真思考食物，要求我们思考人与自然的关系，人与动物及彼此的关系，以及人自身身心的统一。而且，哲学思辩很容易让人如坠云雾，食物却是人的根基，再没有比吃喝更根本的需求了，所以，就算让食物和哲学纠缠在一起，也用不着担心忘记大卫·休谟的意见："在哲学当中，好好做人。"

本书的脉络就是从人际道德的大问题，转到食物对我们来说不那么为人熟知的，很多时候也更私人、更日常的方面，以及饮食方式怎样塑造自我。第一部分（"采集"）涵盖了近来食物道德辩论中诸多人们耳熟能详的大主题，如有机、可持续性、动物权等，关注的是怎样在与他人的关系中生活的问题。第二部分（"烹饪"）是我们怎样奠定对错、好坏判断的基础。第三部分（"人如其不食"）和第四部分（"好好食"）则转向人本身，强调培养有助于我们做出良好选择、让生活丰盈滋润的性格与习惯。

我的初衷就是把更好地思考、更好地生活、更好地饮食全都打包放在一起，所以，这本书既可以放在厨房，也可以放在书房、床头或者客厅。其实，本书可以说就是要解决一个老问题："生活是为了吃饭，还是吃饭为了生活？"食物既不仅仅是单纯的生活手段，也不是生活本身的终极目的，它是生活不可或缺的一部分，生活得好，就意味着把食物放到它应有的位置上。如果你能做到这一点，你就知道怎么吃，也知道怎样生活。

扫码关注庐客汇，
回复"吃的美德"，
直达精彩视频《吃的美德：餐桌上的哲学家》。

THE
VIRTUES OF
THE
TABLE
目录

第一部分　**采集**　G a t h e r i n g

如果你不知道它从何而来，也就不知道它是什么。

第二部分 烹饪 Preparing

一顿饭开始得可远比下第一筷子早。

第三部分 人如其不食 Not Eating

你不吃的东西，同样塑造了你这个人。

第四部分 好好食 E a t i n g

牲口给料，人吃饭；只有知性的人才知道怎样吃。

你不是一个人在读书！

扫码进入湛庐"心理、认知与大脑"读者群，

与小伙伴"同读共进"！

第一部分

采集

G a t h e r i n g

如果你不知道它从何而来，
也就不知道它是什么。

敢于求知

　　我第一次冒出要把奶酪和康德放到一起探讨的念头时，觉得二者的联姻真是史无前例。毕竟，《纯粹理性批判》的作者不是波尔斯因（Boursin），而写出《道德形而上学原理》的也不是马苏里拉（Mozzarella）。[①]但我不知道的是，奶酪和康德真的有关系，只不过不是什么太好的事情。

　　按康德的朋友、传记作家瓦西安斯基（E. A. C. Wasianski）的说法，康德在生命走向尽头时，因为太喜欢吃英式切达奶酪三明治，导致健康状况恶化。1803 年 10 月 7 日那一天，他甚至吃得比平常还要多。第二天早上，他出门散步时失去知觉，摔倒在地。另一名

①　波尔斯因和马苏里拉是两种著名的奶酪品种，作者在此用以对应康德的两部知名著作。——译者注

传记作家曼弗雷德·库恩（Manfred Kuehn）认为，"（康德）因为吃了被禁止的食物感到兴奋，结果血压升高，引致中风。"此后，康德再没能痊愈，于 1804 年 2 月 11 日去世。他的最后一句话是，"一切都好。"① 这并非他对自己的人生或作品的断语，而是针对瓦西安斯基刚刚服侍他享用过的面包和葡萄酒。

奶酪、面包、葡萄酒，这三样最基本的搭配，在史上最伟大的一位思想家的临终岁月扮演了如此重要的角色，实在精彩。食物能把连像康德这样的人都拉回俗世。或许，对康德来说，他最重要的哲学观点，并非体现在永恒的形而上学困境或者棘手的道德问题里，而是酝酿在简单、朴素的奶酪里。这大概算是得体的恭维吧。

康德在其知名著作《何谓启蒙》（*What Is Enlightenment?*）中这样开篇：

> 启蒙乃是人脱离其自我导致的不成熟状态。不成熟是不经他人指导，就无法运用自己的知识。如果这种不成熟状态，不是因为缺乏知识，而是因为优柔寡断，不受他人指导就没有勇气去运用自己的头脑，那么它就是自己导致的。敢于求知!② 因此，"有勇气运用你自己的理智"就是启蒙运动的口号。

如果你以为这告诫只适用于沉重的智性问题，那你就错了，启蒙要求"自由地在各类事务上公开运用自己的理智"。对懒惰地依赖权威的行为，康德举了一个例子："医生规定了我的饮食。"这借口在康德看来意味着："我没有必要自己费神了。只要我出得起钱，就没必要思考；自会有人处理我不

---

① 原句为德语 Es ist gut。——译者注
② 拉丁语原文是：Sapere aude。——译者注

愿意面对的事情。"

我们吃进肚子的到底是些什么东西?

说到我们未能运用"敢于求知"原则的领域,食物就是个司空见惯的例子。大多数时候,我们购买食物,从不细究其产地,也不会考虑其生产过程是否可持续,以及生产它的人是否像我们一样,也能吃得上自己生产的食物。有人可能会抗议,说自己问过这些问题。那么请问,你又为追索答案付出了多少努力呢?就算我们尝试区别购物,也大多依靠的是口碑、小道消息以及一系列令人放心的标签式认证,诸如有机、自由放养、原产地保护、素食协会认可等等。

奶酪这东西,了解它越多,越能开阔我们的眼界,从这一点上说,奶酪确实是个好例子。如果你关心动物福利,你会怎么做?购买素食奶酪?但素食奶酪无非意味着它不含动物凝乳酶,这种酶是奶酪成型的必要成分,提取自动物的胃部,只占奶酪总成分的极小比例。它跟乳用动物(奶酪就靠它们产出的奶制成)的福利毫无关系。也许你会购买有机奶酪,但我们将在后文看到,尽管有机是保护动物和环境福利的经验法则,但远非完美。

依赖标签造成误导最有趣的例子,大概要算欧盟的原产地保护方案了。许多人以为这套制度的存在是为了确保认证产品按传统方式由当地制造,产品成分也采用传统方式由当地制造。实情并非如此。"1992 年开始生效的原产地保护法,主要是为了支持大企业的利益,尤其是在北欧,它保护传统的意义没那么大。"我参观伦敦尼尔牧场乳业(Neal's Yard Dairy)时,奶酪采购布朗温·珀西瓦尔(Bronwen Percival)如是说。

就拿罗马绵羊奶酪（Pecorino Romano，也叫"佩科里诺·罗马诺奶酪"）来说，它最早由古代罗马人所制，按照原产地保护规则的描述，"是一种硬质熟奶酪，完全用新鲜的全脂羊奶生产"。原产地在这里是关键问题，故此，"羊奶的生产、罗马绵羊奶酪的生产和酿熟，以及相关标记操作，必须在指定地区进行"，即撒丁岛、拉齐奥大区和格罗塞托省。除此之外，规则只简单规定了奶酪的尺寸、形状和重量、最低脂肪含量、发酵和烹饪的温度，以及酿熟的时间长度，对是否使用传统方法完全未做要求。这套规则实际上让大规模工业生产变得相当简单了（在某些方面，这是件好事），因为在无菌的机械化环境下其实更容易严格控制温度等因素。"不要把大规模等同于不好，"珀西瓦尔提醒我说，"'工业化'这个词的内涵太丰富了。"但很明显，购买原产地保护的罗马绵羊奶酪，并不像你想的那样，能保证买到的是传统奶酪。

那么，自从中世纪以来就名扬天下，跟罗克福奶酪（Roquefort）、布里奶酪（Brie）齐名的帕马森奶酪（Parmigiano Reggiano）又怎么样呢？它是用自由放养的幸福奶牛产下的牛奶生产的吗？哦，不，原产地保护规则其实只规定，奶牛必须主要以干草来喂养。这或许是生产高脂肪牛奶的传统方式，也是必要条件，但给鹅强行喂食，同样是生产鹅肝酱的传统方式和必要条件——尽管并不必然意味着能为人接受。事实上，喂养可能极大地偏离传统方式，"母牛的喂养，可以采用统一喂养技术，包括在日常饲料中投入同质混合物。"

自从布里斯托尔大学动物福利和行为高级讲师贝姬·韦博士（Becky Whay）参观了帕马森奶酪出产地区之后，奶酪就列入了她家餐桌的黑名单。她发现了相当多"零放牧"的牛群，人们只关心控制它们的饮食，使之产出真正的高脂肪牛奶。韦博士还看到了"令人震惊的不健全问题"，喂给奶牛的饲料是铡得很短的低纤维苜蓿，搞得奶牛都不会正常咀嚼了，"它们的行为跟正常的牛不一样，不反刍，不会吐出食物再反复咀嚼和吞咽。"

总之，如果你想知道你买的奶酪的质量和原产地，就不能简单地让别人代你思考，以标签的形式传达他们的判断。除非你清晰地知道认证计划的标准，否则标签始终存在着带给人虚假宽慰的危险。再举一个例子，《道德消费者》杂志（Ethical Consumer）定期给不同产品评分，你说不定觉得，得分高的产品，就比其他产品更合乎道德。但道德没有算法，《道德消费者》认同的优先顺序可能跟你认同的不一样，甚至彼此矛盾。比方说，对跟核电有关系的公司，杂志会扣分，可杂志也承认，绿色运动在这个问题上是"分裂"的；它还把除了有机饲养之外的其他动物养殖方式都视为不道德。

了解越多，选择越自由

敢于求知，其实也并不需要那么多"勇敢"，只要你多花些时间来自己观察。更重要的是，知识似乎真的提高了人对自己所吃食物的赏识。在西约克郡的小集镇托德莫登，人们在当地市场买肉，但很少意识到大多数猪肉来自周边的丘陵地区。直到致力于提高社区生活质量的志愿服务协会"无与伦比的美味托德莫登"（Incredible Edible Todmorden）团队给屠夫们黑板，让他们写下来自方圆30英里以内的所有东西，人们才开始意识到这一点。

莱昂（Leon）高品质快餐集团的亨利·丁布尔比（Henry Dimbleby）讲述了一个更有趣的故事。

"超级食品沙拉"的某些进口配料价格狂飙，因为无法消化成本，他们架起了一块招牌，说西班牙出现了特大霜冻，未来好几个星期蔬菜的价格都非常昂贵，要等英国本地作物上市才会有所缓解。所以，沙拉要卖 1 英镑。结果，不只沙拉的销量提高了，来就餐的食客也越来越多，他们喜欢我们分享知识的做法。

当然，你不可能知道有关自己所吃的每一种东西原产地的一切，但你知道得越多，你的选择就越明智，越通往真正的自由。我们也不应该误以为一切都要自己独立寻找，完全不得依赖他人。获取知识既是一项个人的事业，也是一项社交与协作的事业。如果独立得出结论意味着忽视他人提出的所有观点和证据，那就算不上美德。我们没有时间找出所有的事实，追溯每一样东西的制造过程，所以我们理所当然地会看书、看纪录片、听演讲，让它们替我们做些事情，对最重要的信息和观点加以识别、阐明和判断。我们需要努力避免的只是不加批判地吸收一切信息的做法，也不能采用懒人经验法则——我们以为自己在做正确的事情，却忘了停下来检查事实。

故此，奉行"敢于求知"原则，意味着我们不能封闭起来全靠自己想，也不能别人说什么都无原则地接受。我们最有权发表的意见，既不是纯粹出自个人头脑的产物，也不是完全照搬他人而来的。这方面最清楚的例子，就是人有必要依赖至少一部分专业知识。其实，或许康德就是因为太不乐意倾听专业医学建议，才坚持吃了那么多对身体不好的奶酪。

敢于求知要求我们敢于承认自己不知道的事情，也意味着要敢于接受不同于我们既定认知的东西——有些我们坚定相信的事或许别有内情。接下来我们很快就会看到，考察新的食品正统观念——比如可持续、有机、时令和本地生产等价值观，几乎每件事都比表面看上去复杂得多。

别一味自足

　　"你们的焦土政策进展如何呀？"菜园自留地经理问得幽默，但这项"政策"本身却是在绝望中出台的。2012年夏天在英格兰种粮食是件可怕的事，这一年，降雨量创下了最高纪录。农民们发现小麦产量下降了近15%，苹果产量更是降了近25%。连全职工作的种植专业户都在苦苦挣扎，搞家庭菜园经验最丰富的老手也抱怨颗粒无收。

　　我们在紧巴巴的后花园种植水果和蔬菜已经4年了，耕作新租的菜园自留地才是第一个种植季。划出小块土地供人们自己种粮食，是英国延续了好几个世纪的传统，现代租用菜园的形式则是1908年《自留地法案》（*Small Holdings and Allotments Act*）通过之后才出现的。该法案责令地方当局"为愿意购买或租用土地种植作物的人提供小块土地"。按1832年《自留地法案》的说法，这么做是"保障穷人的福祉和幸福"，当时，这类荒地主要是燃烧取暖的干草和木材的来源。就在前些年，租用菜园自留地的还主要是工薪族，而近来中产阶级发现了这片新天地，结果，一些地区的租地候补名单变得比顶尖公立学校的入学申请名单还长。我们的自留地等了四年多才申请到，跟平均候补时间差不多。

不过，跟无处不在的旋花草①相比，雨水太多倒是个小问题了。我们跟它的第一场战役只让它略微撤退，可它的生命力太过蓬勃，很快就死灰复燃了。我们只好给所有的地面都蒙上黑色塑料膜，让野草与生长所需的阳光隔绝，就算不能根除，也指望来年它的势头能弱些，更好控制。

我们不该心存幻想，以为"种植食物很容易"。如果真那么容易，几千年前就该消灭饥饿了。种植是跟恶劣天气、害虫、病害和杂草的不懈斗争，但栽培一小块土地，也有道不完的好理由。许多人都发现它跟生活的其他方面形成了有益的对比：相当安静，不嘈杂；空旷，不用整天对着四堵墙；与土地和植物接触，而非受其保护。好些人用"治疗"这个词来形容，其实一点儿也不夸张。用正规课程讲授的"园艺疗法"治疗学习障碍症患者、孤寡老人或抑郁人士，似乎都挺管用。

不过，有一种关于自留地的价值观，在我看来似乎是完全搞错了方向。自给自足似乎总是挺有吸引力，尤其是在一个不确定的世界里。对于个人来说，它假设的理想情况是：用自己种的地里出产的果实喂饱自己，偶尔用盈余跟附近的其他人互换有无。退而求其次，至少能够靠自己以及当地社区种植的粮食存活。对于国家来说，最低限度的自给自足是，不靠进口就能养活本国居民。表面上看起来，自给自足让我们更安全，更少依赖他人，故此也就有了更大的适应性。可惜这是错的。独立并不会让我们更强大，相互依存才会。

---

① bindweed，是欧洲常见的一种野生植物，附生缠绕在其他作物旁边，妨碍后者的生长。——译者注

自留地与相互依存

自留地就是一个看到相互依存发挥作用的好地方。自留地的存在，有赖将共有土地划分给个人耕种的正式制度，共有土地由地方政府提供，由中央政府授权。自留地的经营靠自留地持有者构成的委员会，个人能否耕种土地，在很大程度上取决于这一管理方式是否有效开展。水箱的提供、小径铺设的木片配送、堆肥式厕所的架设，靠的都是集体而非个人行动。自留地持有人并非独行其是，而是要紧紧依靠同侪。

除了正式的协调形式，自留地还是一块促进非正式互助的肥沃温床。如果有人外出，邻居会互相帮忙照看土地；他们还分享盈余的作物和种子，因为知道别人将来也会分享；他们还乐于分享经验、专业知识和工具。自留地不仅仅是功利的非正式经济体，也是非常适合交际的舞台。短短几个星期，我们认识的同道耕种户，比住了 5 年的街道上的邻居还多。此类互动还有着可敬的平等倾向。在这里，人们问你的第一个问题不是"你是干什么的"，沾满泥巴的旧衣服也掩藏了许多社会阶层的线索。人们能不顾社会背景打成一片的公共场合不多，医院是其中之一，自留地也是。

接下来的问题是，耕种作物到底需要些什么东西？肥料是从全国连锁店买的，或是让当地农户配送的；工具和鸡舍大多是中国制造而非产自英国；操作技术手册是波兰印刷、亚马逊配送的。家庭种植见不得人的秘密是：种植远非什么节俭之道，每年支付的费用往往会超过作物的价值，买来的东西多过了种出来的东西。

最后，还有一些有关作物本身的事实。如果没有从美国买来的土豆和西红柿，从荷兰买来的橙色胡萝卜，从伊朗买来的菠菜，从意大利买来的防风草，以及其他各种外来作物，现代自留地的样子可就惨淡多了。所以，总体而言，自留地是一个绝妙的例子，它示范了人类如何依靠社会、历史链条织就的复杂网络，让相隔很远的彼此发生联系。这提醒我们：人类之所以能够饮食丰足，完全是因为相互依存；人类这一物种成功繁衍和生产力创造的根源，正来自社会交往和交换能力。我们应该欣慰，这些链条促进了人类发展，而不是自欺欺人地想着所有的事情都该自己做。

别落入本地产的狭隘圈套

公共领域愈发迫切地需要对付强调自给自足的狭隘崇拜热潮。在如今神圣的三位一体"索尔派"①——吃时令的（seasonal）、有机的（organic）、本地产（local）食物的教条里，本地产是重中之重。比如，美国近来的一次调查发现，半数以上的消费者认为购买本地产食物比购买有机食物还重要。购买本地产食物有许多充分的理由，其中有一个原因，顶尖大厨们比其他任何人都更清楚。

2011 年，斯德哥尔摩的一家米其林二星级餐厅弗兰森 / 林德伯格（Frantzén/Lindeberg）吹嘘，他们 95% 的食材都来自瑞典境内。我跟主厨弗兰森见面时他解释说，一般而言，生气勃勃、有机的当地产食材更好，因为它们更新鲜，没有冷冻、存储、长途运输过。然而，并非所有食材都是这样，所以，2012 年弗兰森又发推文说，"大家对食材有点过分关注了。它们打哪儿来不重要，重要的是味道。"

以瑞典松露为例。"它比不上意大利阿尔巴松露，比不上要用

---

① seasonal、organic 和 local，这三个词的首字母缩写是 SOL，所以作者将之称为"索尔派"。——译者注

几个星期运送来的特等澳大利亚松露，更比不上法国佩里戈尔黑松露。"他说。同样，英国人的厨房，靠着地中海的橄榄油、中东的海枣、中美洲的可可、巴西的咖啡和印度的茶叶才变得丰富起来。餐厅供应商查理·希克斯（Charlie Hicks）也赞同："诚实的厨师会告诉你，'品质第一，本地产次之。'一家可爱的乡村酒店完美地展现了这一点。他们有座砌了围墙的小果园，种了各种奇妙的东西。"可就在那里，他们对希克斯说："不能拿'本地产'来为'难吃'当挡箭牌啊。"

没错，本地产往往意味着更新鲜、更美味，但并非总是如此。本地产也不必然意味着更可持续发展。近年来"食物里程"（food miles）的概念很热门，许多小商店常吹嘘食物从农场运到店里的距离有多短，但这并不见得一定减少了对环境的影响。来看两个例子。伦敦的大量食物都是从外地运来的，距离最近的土豆产地是埃塞克斯，但当地的产量比土豆的主要产地林肯郡低得多。所以，要是计算一袋土豆的总碳排放足迹，得把种植总面积、所需粪肥和化肥，以及收割、运输所用的能量考虑在内。林肯郡的土豆虽然更遥远，给地球造成的总负担却比更近的埃塞克斯要轻柔。

更极端的例子是新西兰黄油。新西兰基本上跟任何国家都隔着几千英里，所以，该国的国际贸易受到了新兴的"本地产崇拜"思潮威胁。以下研究成果不免让我感到欣慰。林肯大学发现，英国生产每吨乳固体的碳排放量是2 921 千克，而新西兰仅为 1 423 千克（包括运输到英国所产生的碳排放）。新西兰各方面的条件都适合全年户外放牧，这意味着只需相对较少的生产性碳投入就能生产出黄油和羊肉。此外，集装箱货轮是世界范围内最高效的运输形式。一项研究发现，一整条集装箱货轮从中国运到欧洲的二氧化碳排放量，仅相当于欧洲长途货运200公里。因此，一瓶法国葡萄酒从马赛运到纽约，碳足迹说不定少于一瓶美国加利福尼亚州葡萄酒用卡车送到同一地点。一小块来自新西兰的黄油，碳足迹没准比英国本地黄油更小。

所以，本地产并不一定意味着更美味、更可持续发展。那么，它至少维持了一个地区的自给自足吧？在我居住的布里斯托尔，"本地产"崇拜党声势浩大，自给自足是其整套说辞的重要组成部分。布里斯托尔食品政策委员会则发布了《食品宪章》（*Food Charter*），它有十大宏愿，其中之一就是"让本市尽量能满足自己的粮食需求，从而使食品更安全"。

然而，尽量从本地获取食物并不会增强我们的灵活度。相反，我们更容易受到伤害。纵观历史，由于本地粮食歉收，又没有能力从外部获取食物而导致的饥荒，在世界各地屡见不鲜。过于依赖本地农业会造成什么后果，让我们看看 2012 年的一例警示：英国糟糕的小麦产量逼得霍维斯面包（Hovis bread）的生产商英国第一食品公司（Premier Foods）放弃了只使用英国产面粉的承诺。食品经济里有许多条供应线，有些长，有些短，依靠它们，我们才可能全年都吃得好，而不用去看老天爷的脸色。

贸易和交换（有时甚至跨越很长的距离），让我们每个人都过得更好。贸易让人得以专注于自己最擅长的事情，实现了事事亲力亲为条件下无法达到的规模经济。一个人专职负责为村里其他人烤面包，其他人就能生产更多大家所需的别的东西。在西班牙海边小镇格拉纳达的铁门城堡（Castell de Ferro），渔民只捕鱼，住在山上的农民只种植杏树。农民买船或者渔民种杏树毫无意义，因为他们只需要交换盈余，就既有了鱼，又有了杏仁。其他任何动物都没有这种复杂的劳动分工和交换制度，而这正是为什么我们叫做"智人"的原因：智人，"Homo cambiens"——"懂得交换的人"。

可以说，贸易是人类文明的根源。遵守契约，需要相互信任，以及发达的文明社会。那么，"减少进口就不会变得太脆弱"的观点为什么又有强大的吸引力呢？在某种程度上，这是因为到了一个可悲的阶段：我们似乎更信任自然而非人类同胞。较之雨水太多或者太少使产量减少，我们更害怕反复无常的外国人切断供给。受过教育、经常倡导地方主义的城市居民，对自然多么善变完全没有体会。自留地本可以好好给他们上上课，只可惜他们跟赌徒一样，往往只记得自己得胜的时节。

2012 年，我们的覆盆子种得挺好。走进商店，看到一小盒子覆盆子要卖足足 3 英镑，而且还比自己早晨刚摘下来的新鲜果子质量差、数量少，这种感觉是何等满足呀！更何况，还能连续采摘好几个星期的果实呢。自然真慷慨呀，不是吗？我们这么想着，却忘了自家地里的豆荚干瘪如柴，寥寥可数的几枚西红柿青绿瘦小，注定不会成熟。相信大自然总是给予馈赠的人，并不真正了解大自然。

对乡土物产的理想化，有可能造就狭隘的心态，把人局限在生养自己的文化当中。这一点，在粮食主权运动中有过表现，几个不必要的字眼败坏了这一运动原本可圈可点的定义："粮食主权就是民众通过生态无害、可持续的方法生产与文化相适合的健康食物的权利，以及民众界定自身食物和农业体系的权利。"人当然有权从自己所属的文化里获取食物，但原因并不在于这些食物"更适合"他们所属的文化。硬说香蕉属于非洲人，苹果属于英国人，未免太接近赤裸裸的种族主义观念，比如墨索里尼曾对小麦征收进口关税，鼓励意大利人只吃本国原产的作物。我不是说地方主义等同于法西斯主义，只想提醒大家：良性的家乡自豪感，和有害的、分裂的民族主义，有时只有一条微妙的界线。

从本地产到确定产地

"慢食"（Slow Food）运动的发起人卡洛·佩特里尼（Carlo Petrini）提

出了"良性全球化"（virtuous globalisation）的主张，即通过贸易和交换，让地方传统与更广阔的世界相联系，巩固传统，并使之可持续发展。

全球化存在的真正问题，跟贸易双方隔得远近毫无关系。我们时代的痼疾，是贸易的去人性化，以及将所有产品和生产者全都简化成"商品"的倾向。这种疾病最糟糕的症状是 2008 年金融危机。金融市场变得太过抽象，无从体现售卖真实商品与真实的人之间的真实关系，有些时候，计算机程序分析的甚至是尚不存在的东西的贸易统计数据。这几乎肯定是股市和楼市出现泡沫的一个原因：贸易价值和实际价值脱钩了。此种情况之所以存在，部分是因为"智人"已经变质成了"经济人"，即全神贯注追求金钱收益最大化的物种。这当然不是说，所有的贸易建立在更个性化的基础上都会更好。举个例子，个体户的作坊就没法经济地生产汽车或者计算机。

我认为，崇拜地方主义的思潮一定程度上表达了在经济生活中夺回人性尺度的愿望。但它误解了问题本身。重要的不是食物是否产自本地，而是看它是否有来源，即是不是来自一个能够待以尊重、公平的产地和生产商——哪怕我们与其只有间接的关系。比如，在其他条件相同的前提下，购买来自肯尼亚一家管理完善的庄园出产的咖啡，就比购买千篇一律的企业集团以工业条件喂养的英国奶牛出产的牛奶更讲道德。我们希望做的是支持本地区和其他地区有人情味的道德企业。

我们提倡，买任何东西的时候都确定产地，不管相隔多远，都知道它来自什么地方。一位英国的西班牙食品进口商描述了理想状况："我们的产品来自有历史、有经验的小公司，以及在各地区之间建立起卓越且独特关系的地方生产商。"例如，伦敦人到高档餐厅圣约翰就着埃克尔斯特产的葡萄干馅饼品尝柯卡姆夫人牌兰开夏奶酪，其对本地产的支持程度就不亚于兰开夏人到当地的伯里集市（Bury Market）买这款奶酪。

亲本地化和全球化实现调和的一个例子来自"公平贸易运动"（Fairtrade movement）①，它尝试为发展中国家的生产商锁定更划算的交易。国际公平贸易组织（Fairtrade International）CEO 哈丽雅特·兰姆（Harriet Lamb）用"沙漏经济"这个词向我形容了如今的局面。比如，世界各地约 2 500 万小农户生产了全球咖啡产量的 80%，这些咖啡又为数百万甚至数十亿的消费者所饮用。但生产者和消费者之间只有少数几家中间商，全球咖啡贸易的 40%掌握在 4 家公司手中，60% 的零售贸易由 5 家全球品牌把持。全球化的问题不是在沙漏两端的人际交换，而是他们只能通过面目模糊、地点模糊的跨国中介互相交换。总体上，这些全球巨头吸纳了世界各地的商品，将之混合融化，创造出同质化的统一产品，消除了各地商品所带地方特色的一切痕迹。然而，如果生产者和消费者之间能够重新建立起更直接的联系，那么人们对全球化的大部分不安感就会消失，并代之以更积极的喜悦感。

　　地方通常与全球相对，而"从本地产到确定产地"则意味着一种从当前社群拓展到更宽广所在的贸易关系。所以，英国慢食运动的负责人、热心支持地方饮食传统的凯瑟琳·加佐利（Catherine Gazzoli）为我准备了一顿完全使用意大利食材做的午餐，我并不觉得有什么矛盾：圣达涅的切片生火腿（prosciutto crudo di San Daniele）；弗留利的丽斐酒庄白葡萄酒（Livio Felluga）；帕马森奶酪；在慢食国际都灵食品展上买的意式小方饺，搭配到访友人带来的那波利番茄酱。只有她同事做的蛋糕是英国产的，但这顿饭完全吻合全球化愿景，即在有着强烈地方传统的人与场所之间进行交换、交流。

　　要转变我们对本地化真正价值的理解，换一种语言或许有所帮助。意大利人不怎么说"本地的"（località），而是更爱说"特色的"（tipicalità）。如

---

① 本书中，作者用"公平贸易"（Fairtrade）来指正式的认证计划，以区别一般意义上的"公平交易"（fair trade）。

果一种食物是某地独有的，那它就是"特产"，如果形容一条鱼是"特产"，它的特点就有了价值，自不待言它也是一种恩赐。这种说法的好处是，你大可以在伯明翰吃托斯卡纳的特色炖豆，并不一定非得吃本地炖豆。事实上，使用曼彻斯特优质食材做成的米兰烩饭，比在米兰用微波炉加热的烩饭更具特色。

自己种植粮食、支持本地生产商诚然值得称道，但我们不该错误地把它看成是一种独立宣言。相反，我们应该明白，没有其他人、其他地方和其他文化，我们自己就什么也不是。人类的相互依存，让我们必须拓宽自己的视野、打开大门，我们不能被"全球资本主义"的同质化力量给淹没，而要跟千百万像我们一样热爱自己故土的其他人进行交换。

时间的果实

THE
VIRTUES
OF
THE
TABLE

有三顿饭，要用一年的时间来准备。作为有良心的食客，你愿意全部做一次吗？

一月

- 自由放养的鸡和蘑菇饼
- 胡萝卜切丝，大蒜捣烂
- 苹果蛋挞，配搭有机浓缩奶油
- 所有食材都源自英国，采购范围最多不超过 25 英里

三月

- 经海洋管理委员会可持续认证的野生三文鱼
- "公平贸易"认证的有机豌豆和有机红花香米
- "公平贸易"认证的无花果和马斯卡彭奶酪杏仁饼

九月

- 旗鱼、烤南瓜、奶油韭葱
- 草莓酥
- 所有食材都产自英国境内，并用英国本地水源灌溉

这个问题不是恶作剧，但回答起来挺棘手。它凸显了同时做到对时令、有机和本地产三位一体的膜拜有多么困难。比如，三月的菜单完全有机，但却不合时令，因此也不是本地产，一切都来自进口，豌豆甚至是空运来的。为道德困境又添了几分窘迫的地方是，凡是能够从"公平贸易"渠道购买的食材，统统是来自"公平贸易"认证的。

九月的菜单完全合乎时令，也完全是本地产，只包括了英国当季可用的食材。不过，现下旗鱼已成为濒危鱼类，大多数活跃人士会劝你别吃它，至少一般情况下别吃。如果这些时令食物产自现行法律允许的最消耗土壤肥力、最依赖化石燃料的常规农场，那又怎生是好？

一月的菜单基本上毫无时令感。所有的食材几乎全年都能从英国农场采购（有的食材虽然不是当季生产的，但储存得很好）。在某些方面，它比时令菜单要好，因为食物运输距离较短，来自管理更好的农场，有些甚至是有机农场。肉食来源是可持续的，鸡也是即刻宰杀，不像野生三文鱼那样被捕捞到船上会慢慢窒息而死。

因此，总体而言，时令、有机和本地产，本身并不是王牌，有时候，这些信条甚至彼此冲突。然而，把对时令 - 有机 - 本地产的颂歌提升到金科玉律层次的棘手之处，还不仅仅来自"索尔派"对食物本身的具体要求。问题的根源出在道德一个不可回避的特点上：多元。

道德知识有限，还是道德本身有限？

不管道德以什么为立足点，你总会发现自己的价值观存在冲突。比方说，我们希望避免空运来的食物，但也想支持参加了"公平贸易"认证的南美蓝莓种植户，那要怎么做呢？有一种回答模棱两可，认为所有的道德价值观都是相对的，无非是个人偏好，所以没有什么正确答案，选择适合你的就好。可惜凡是要这种自由放任相对主义嘴皮子功夫的人，很少有言行如一者，他们做起事来并不真心相信这一套。他们和普通人一样，总是把责任都推到别人身上，怪政客说谎啦，配偶外遇啦。

另一种选择把道德观念排出先后顺序，一旦有所冲突，排在前头的就压倒排在后头的。比方说吧，大多数人认为"不杀人"胜过捍卫自己财产的权利，所以，要是扒手抢了你的钱包，你不会朝他开枪。只不过，确定这种先后顺序的方式有可能十分复杂，不光要查明适用哪些规则，还要衡量适用情况的具体性质。比方说，到底是支持"公平贸易"更重要，还是维持最低碳排放量更重要，是没有简单的规则可作判断依据的。支持"公平贸易"也许很多时候都更重要，但多重的商品空运属于合理范畴也有个限制。

第三种立场是多元化，即认为我们经常要在冲突的道德价值观中做出权衡，有时候，其中之一分量最重。然而，天平并不总向同一侧倾斜。合乎情理的道德价值观很多，如果发生冲突，也许没办法判断哪一种占上风。不管你选择什么，总会造成一定的损失，而且，没有任何公式或基准能帮你判断自己该选择哪一选项。

我认为，多元化大致是正确的。我也接受，归根结底，多元化不见得一定对。只要我们能足够清楚地看到所有相关事实和价值观，所有的道德困境没准儿从原则上都可以解决。但在实践当中，这就不切题了。多元论描述了我们置身的情形，不管导致这种局面是因为我们的道德知识有限，还是因为道德本身有限。

这就是上述菜单困境何以如此棘手的原因，没有公式能判断哪份菜单在道德基础上更优越，每份菜单都各有优缺点。这不是说我们没法更清楚地思考自己要选择站在哪种道德基础上，最能帮上忙的，是明确我们所权衡的价值观的性质。前文已经探讨过本地产的好处，稍后还将探讨有机和公平交易。那么，时令的美德在什么地方呢？

时令概念本身模糊不清，实在无助于解答上述问题。从广义上讲，定义似乎很清楚：食物新鲜，随时可吃，也就是当季的。但是单靠这一定义，所有新鲜的食物都符合时令。所以，还要在定义里添加一些属于“本地产”的含义。五六月份英国的农场出产的新鲜芦笋，当季；一月份的芦笋要从秘鲁空运而来，故此不当季。但又要怎么定义“本地产”呢？比方说，我在自己的出生地福克斯通吃饭，较之约克郡和兰开夏郡的农场，法国、荷兰和比利时的农场离我更近；此外，一部分的西班牙和意大利农场，也比苏格兰的许多农场离我更近。为什么 200 英里以外的林肯郡采摘的大黄合乎时令，200英里以外的法国采摘的西红柿就不合乎时令呢？

另一个复杂因素是塑料大棚、水培、人工升温等种植技术的应用，极大地延长了生长季节。十月份的英国草莓算不算符合时令呢？可以这样来缩小食物时令性的定义：在相当小的地区范围以内（比如几百英里），一年中只有特定时间出产，采用传统方法种植。这不是个确切的定义，但一些概念和规则，边界模糊些比特别明确时更好用。举例来说，如果规定200英里以内的草莓合乎时令，超过一英寸就不合乎时令，这就太愚蠢了。此外，什么算是"传统"耕作方法，也不可能有太清晰的定义。

顺着这条路往下走，无法避免的不精确倒还算是小事，规则还会进行临时修改，以便吻合我们对"时令"的直觉想法。这些直觉建立在什么基础上，是否合理，我们自己也不清楚。所以在尝试确立规则之前，我们有必要先弄清楚自己出于什么样的理由为时令附加价值观，只有这样，才能明白哪些规则能最完整地保护这些价值观。

追求当季的理由

时令性的第一条价值观是环境。有些食材，在一年中的特定时令，在我们生活的当地生长得很好，那么只吃它们，或基本上只吃它们为主食，这就很好。这比运来远方的作物，或投入高能耗（如人工升温、使用化肥等）让农作物在不适合自己生长的季节或地方生长更高效。这一论点背后的原则或许是合理的，但并不必然推导出时令性。比方说，香蕉在出产国大量种植，只要非常少的环境成本就能运往各国，跟本地产的时令水果对环境同样友好。

第二条价值观是审美。有些食物在自然上市的季节里口感更好。草莓的上市季节早就延长了，但在六月前后的"旺季"味道最好。不少水果和蔬菜经过长途运输后会丧失新鲜感，一部分原因在于，为了能够承受长时间的运输，必须在成熟之前采摘下来。这就是为什么运到英国的意大利西红柿吃起来不如在意大利当地的口感好。不过也有一些季节性食物很适合运输。奶酪就是个好例子。制造托斯卡纳绵羊奶酪的奶，最好的产季是春夏，那时候牧场的羊吃的是最茂盛的牧草。而奶酪只需熟化一个月，也就是说春末到初秋吃最好，不管你是在佛罗伦萨或费利克斯托享用都一样。另一个例子是松露。秋天的阿尔巴松露，不管是在曼彻斯特还是在米兰吃，都同样美味、同样时令。

还有一重美学考量是，倘若知道吃某样东西的期限很短，体验的愉悦感会变得更强。隔9个月之后再尝到同样的美味，口感会更丰厚；如果吃得太多，再好吃的东西也会索然无味。我记得有一年，草莓很早就出现在水果店里。到了温暖的夏季，我以为它们会早早下市，所以一直买。然而，在塑料大棚的帮助下，直到九月末草莓还没下市。结果，那年我吃得太多，第二年就迟迟没买新一季的草莓。

最后一个讲究时令的审美理由是，现代生活的体验日趋同质化。我们的家里和工作场所，一年四季都恒定地保持在同一温度；城里的常绿植被，在冬天和夏天没什么区别；能感受到明显季节节奏的工作寥寥可数。越是跟着月份的推移感受自然世界的变化，日子也就越是彼此不同；每一日和其他日子之间越是不同，就越是让人欣赏；越是相似，就越让人觉得不那么珍贵。

这关系到时令性的第三条价值，它不仅仅是审美的对象，更让我们意识到时间的流淌。这正是自留地和菜园带给我的主要好处之一。如果你种植食物，季节之间的转换就体现得更加明显，早在下一季节开始之前你就对它有所意识了。比方说，到了八月，你注意到作物的生长势头变缓了；一些作物收获之后，秋天渐渐铺开了枯萎之褐色。同样，每年一二月，植物萌芽也能让你观察到春天的迹象。

这不是什么"触摸大自然节奏"的浪漫想法，而是有关人类生活节奏的思考。我们的生活介于野兽与天使之间，既不完全活在当下，也不能一成不变。如果想听听与生命同步的时钟滴答声，可以在菜园里找到。为了种植，必须跳出当下这一刻去思考，但是时间框架仍保留着人类的尺度。生长最快的作物，比如芝麻菜，从播种到上餐桌，仅需几个星期；果树需要几年时间才能立稳根基，葡萄树需要的时间更长。如果采用轮耕，每三四年是一个劳作周期。菜园让你从星期、月份和年的角度去思考生活，而不是秒、分、世纪或者千年。

在这个时间框架之内，事情永远不会停滞不前。春天，你兴许每天都能看到作物在生长。去年，浆果树带给了我们这种特别的愉悦，每天早晨都发现又有果子成熟可以采摘了，尽管每株灌木一年只在三四个星期里给予这一馈赠。如果悉心照料，它能带给你一种万物都有苦也有乐的鲜活的无常感，让你体会到生死循环的必然性，同时也为自己能细细品味生活感到无上的荣幸。与此同时，菜园千变万化的性质鼓励了一种"随它去"的态度：你知道好东西留不住，只能指望来年有幸再享受一轮四季更迭。

对季节的敏锐感悟力，在其他一些文化里体现得更明显。比如日本有所谓"物哀"的审美观念，也就是意识到事物是无常的，因接触到的事物而产生幽思和伤感。因此，"培养对季节的敏锐感悟力是一种美德"的想法，在日本人看来是很自然的，人人都应遵从。这一点，才是更合乎时令地生活与饮食最令人信服的理由，而非仅仅出于环保考量。

04

超越有机

THE

VIRTUES

OF

THE

TABLE

从某些方面来说，与"土壤协会"（Soil Association）首席执行官海伦·布朗宁（Helen Browning）共进午餐，是为她在英国领导的有机运动辩诬。我们在布里斯托尔的格罗切斯特大道上的食堂咖啡馆（Canteen）碰头。在这个街区，人们不光签名请愿反对全国性连锁超市开业，还有人计划朝它投掷燃烧弹，意图掀起骚乱（这场阴谋，是警察们搜查密谋地时发现的）。从这个角度来说，食堂咖啡馆算得上是各阶层人士"鱼龙混杂"的地方。这里的食物不仅美味，而且合乎时令，全都来自动物福利高、符合环境标准的本地小型农场——看来，对有机的向往并非中产阶级专利。而且，布朗宁点的豌豆烩饭和我点的可持续鲭鱼比许多外卖都便宜。只不过，这家店每天都换菜单的黑板上，单单缺了"有机"的字眼。

在汤姆·鲍尔斯（Tom Bowles）位于萨默塞特郡巴斯附近的农庄，也有类似的故事。他的家族近两个世纪以来都以耕种为生，他的父亲一辈子更是经历了现代农业的一切重大变化。几十年前，农场差不多完全采用单一种植，土地出产多少小麦，就卖出多少小麦。如今，已改为混合耕种，所有的物产几乎都直接通过自己的农家店和咖啡馆销售。奶牛牧场靠苜蓿提供肥料，不施化肥，禁止一切化学制品。很多开车驶过农场大门的人都以为它肯定是家有机农场，但事实并非如此。

过去几十年，有机从边缘文化变成了新食品福音神圣三位一体的基石，时令性居左，本地产立右。在许多人眼里，有机似乎就是未来的趋势。但在一些市场上，征程已经止步，甚至出现了倒退。自2008年底信贷紧缩以来，有机产品在英国的销量一直在下降。勤俭节约似乎不足以解释这一趋势，因为，道德认证组织"公平贸易"认证的产品也大多存在溢价，却并未出现相同的下跌趋势，相反，其销售额持续强劲增长，光是2012年就上涨19%。

情况好像是这样的：一部分消费者，原来购买有机食品是因为相信它在某些方面更好，而今却更看重经济性；而另一部分消费者，曾经把有机标签看成是良好的、可持续生产的象征，如今则转向了自己更加重视的具体美德——可持续性、时令性、本地产、公平贸易或者动物福利。颇具讽刺意味的是，消费者的眼光变得更犀利，在一定程度上表明了有机运动的成功。而在有机农业倡导的许多原则变得主流之后，有机认证的威信却被削弱了。

应该如何耕种，是个紧迫的问题。世界人口将在21世纪中叶达到峰值，届时，粮食产量能否养活全球大约90亿人口，尚存很大疑问。但也有人怀疑，现代工业化农业是否具备可持续性，取决于石油、氮和磷酸盐等资源。这些资源有限，许多人认为很快就会用完，或至少，其实际可用的形式很快会用完。

回归传统

坐落在安达卢西亚山脉、离海岸几英里远的西班牙村庄波洛波斯，凸显了我们所面临的两难境地。走在狭窄的石板路上，你会看到农民们在自家房子底下的牲口厩里养着骡子，他们至今仍用骡子耕地，生产葡萄和杏仁。你可以敲开当地牧羊人家的门，买一块自制山羊奶酪。这听起来就像田园诗，但只要待上 5 分钟你就会明白：根本不是这回事儿。波洛波斯正在死去。这里住的都是老年人，大部分年轻人离开了，学校好些年前就关了，街上几乎完全看不到小孩和青少年。如果人们安于贫穷，乐于勉强为生，这种农耕方式或许挺好；但对那些渴望享受 21 世纪舒适设施的人而言，它不足以提供体面的生活。

留下来的人没法光靠杏仁和本地特产海岸葡萄酒填饱肚子，所以，要吃水果和蔬菜的话，得去附近城镇的超市，或者每星期六到村里、附近集市的便利卡车那儿买。惊人的地方就在这儿：田园牧歌生活最后的捍卫者，却吃着味同嚼蜡的水果和蔬菜。比方说，在卡迪亚尔（西班牙安达卢西亚自治区格拉纳达省的一个市镇）附近的集市，要是能找到一颗有一丝西红柿味道的西红柿，那就算是走大运了。从环绕波洛波斯的丘陵朝海岸的方向望去，原因一目了然。肉眼可及的范围内，从山谷到山坡，塑料大棚在太阳照射下反射出白色的光芒。为了开垦出便于用水培技术（直接把植物栽进灌了水的养料基座里）种植作物的新土地，山坡几乎被推平了。现代化的技术一般只是为了实现产量最大化，才不管口味如何呢。大部分作物出口到英国的超市——英国的消费者可想象不到原产地竟然是这么一副模样。

过去的已成历史。假装回归骡子时代毫无意义，而当下看起来也没什么吸引力。我们的农业到底是怎么从前者变到后者的呢？还有其他选择吗？汤姆·鲍尔斯的农场史为这个问题提供了漂亮的解答。第二次世界大战之前，它是一家传统混合型农场，在当地小集市上出售作物。但战争带给欧洲巨大的冲击，让它几乎无力自我维持。所以，出于可以理解的原因，第二次世界大战结束后，欧洲大陆决定支持农业发展，确保其产能足以养活国民。那是农业欣欣向荣的时期，农民们得到了巨额补贴，采用了现代化的耕种方法，产量提高，机械和农药取代了老式、温柔的耕作方法。

随后，超级市场渐成主流。汤姆的父亲理查德说，超市经营者非常聪明，他们去调查农场，计算生产自己所需的东西到底要多高的成本。然后，他们以生产力最强的农场的成本作为交易基础，有效地设定了价格。在合同的约束下，农场必须想方设法地达到目标。

和许多人一样，鲍尔斯父子最终认定，自己受够这一套规则了。"在当今的商业农耕界，没看到这个地区有哪一家这么大规模的农场赚到了钱。"他们说。就在这时，汤姆决定把农场带往新的发展方向。他们放弃对超市供货，开始尝试做一些在某种意义上回归了传统农场的事情：混合生产，在当地直接销售。农家店的位置不在主干道上，没法吸引过路人购买，所以大部分顾客不是每天通勤的中产阶级城市居民，而是当地村民。不过，迄今为止，这套经营办法似乎挺管用。

农民们做出的这类改变，以及消费者行为的不断变化，意味着超市也要改变游戏玩法了。虽说他们还是时不时地狠狠压价，但也无奈接受了如下事实：对农场的压榨只能到这个程度了。所有的超市如今都在努力改善与农民的关系，既保证优质供给，又向越来越有见识的顾客表明，自己不是恶霸企业。

对于农业化学品的厌恶

有机是从什么地方融入现代农业的？在鲍尔斯的案例中，有机无处下手。但你一定看得出来，针对这个故事每一步都没那么乐观的发展，有机种植都提供了一种富有吸引力的替代做法，从而顺利浮出了水面，变成了主流。

首先，庄稼里大量应用合成喷雾杀虫剂和化肥，让人们开始担心健康问题，有机道出了这种关注。1962 年，蕾切尔·卡森（Rachel Carson）出版了《寂静的春天》。她认为，农药对鸟类种群的不利影响是一个警告信号，提醒人们要注意农业化学品对人类健康的危害，广大公众由此首次注意到了这一问题。自此以后，人们便对常规方法种植的作物感到担心，认为它们含有大量有害残留物。有机作物成为了一种富有吸引力的替代选项。种植有机作物并不是完全不喷洒农药或化肥，而是用量极其有限。土壤协会的研究表明，相信有机食品"对我和家人更健康"，是人们购买有机作物最主要的一个原因，52% 的顾客选择了这一点，而没有选择"动物福利标准高"（34%）和"更道德"（33%）。

然而，常规种植的发展历史里并不包含化学品使用不断增加这部分内容。自《寂静的春天》出版后，有关农药和化肥使用的法规变得更加严格了。"常规种植户的标准远高于二三十年前，"水果和蔬菜供应商查理·希克斯说，"我认识很多种植户，他们的标准都非常高。对是否喷洒农药这事儿，人们不说谎。要是你去跟农民谈一谈，他们会不停地说，'你知道这玩意儿有多贵吗？'"

最近有一本学术著作考察了过去几十年提出的证据，作者是英国农业研究理事会前首席科学官罗伯特·布莱尔（Robert Blair）教授。他总结说："有机和常规食品在营养品质上基本一致，均无有害化学残留物。这也是世界各地许多其他科学家和政府食品机构所得出的结论。"实际上，从前我们对农药和化学品是担心不够多，现在则是担心得太多了。农民是最容易接触到农药的人，但布莱尔的报告指出，他们的癌症发病率"比一般公众低得多"，原因大概是他们的生活方式比典型的当代人更健康。另一项研究显示，有机种植的农民和常规种植的农民的精子数量无明显差异。

我们还倾向于以为，农药喷得多比喷得少要糟糕，但真正重要的其实是化学物质"残留"：它们停留在土壤或植物上的时间是多长。比方说，农民之所以常常喷洒除草剂草甘膦，是因为它分解得很快，需要定期重施。在这个意义上，喷洒式农药必须使用的次数越多，其实就越安全。

然而很多人并不信任"安全水平"的科学定义，认为哪怕是微量残留也不好。这无非是一种建立在"污秽厌恶"心理上的古老迷信罢了：出于有利于进化的原因，人们一想到污染物，不管多少，总觉得反感。只不过，在农业问题上，理性是主导。举例来说，我们知道，天然致癌物质有很多，比如茶、咖啡和可可里都含有的单宁酸，还有熟肉里的杂环胺。大多数人并不避讳这些食物，所以，也无须担心蔬菜上含有些许"过量才危险"的物质。

有一些耕作方法会导致农产品营养成分较低，有潜在的健康风险，但这跟有机与否没有关系。例如，研究证明，用草喂养的牛能产生营养更丰富的牛奶，虽然较之常规饲养方式，有机牛群喂草饲料的更多，但也有很多喂草饲料的牛并非有机。所以，尽管有机牛奶据说含有更高水平的欧米茄 -3 脂肪酸，但它只有在跟使用饲料喂养的常规奶牛比较时才成立。

有机食品有利于健康的说法，已经遭到了逐条驳斥。2012 年《内科学年鉴》（*Annals of Internal Medicine*）上发表的一篇文章称："如果你是成年人，只根据健康来做决定，那么，有机和常规食品并没有太大区别。"有机食品对健康并无额外助益的证据现已相当充分，土壤协会禁止藉此宣传。"我们现在所说的任何话，都必须经过英国广告标准局（Advertising Standards Authority）的审查。"布朗宁说。

有机对动物更好?

人们选择有机的另一个原因是,它宣称自己奉行更高的动物福利标准。如果随便抽选一家有机农场和常规农场做个比较,你会发现这基本上是真的。比如,世界农场动物福利协会(Compassion in World Farming)认为,在各种认证计划里,有机认证保障了最高的动物福利标准。但这并不意味着有机必然对动物更好。动物福利研究员贝姬·韦对我说,有机标准是不是真的对动物更好,相关研究"并无明确结论"。了解动物过得好不好的唯一办法是亲自去农场看一看,而不是只看标签。良好的畜牧养殖远远不只是遵守规则这么简单。

事实上,有些情况下,有机动物的状况说不定更糟糕。"我永远不会用有机方式饲养牲畜。"美国马里兰州绵羊山羊养殖户、受过大学教育的苏珊在博客"Baalands"上这样写道。她认为,"美国的有机标准不允许你为生病的动物提供科学证明有效的治疗手段。不能使用抗生素、驱虫药、消炎药、抗球虫药、类固醇、激素、饲料添加剂,或者其他多种常规疗法"。

"我们当然知道有机界正在努力解决一些事情,"贝姬·韦说,"比方说牛趾皮炎,这是一种牲畜传染病,我们知道大规模的抗生素治疗非常有效。"有机规则确然指出,动物福利最为重要,可这也意味着,一旦给动物进行治疗,它的有机身份就没有了。这其实制造了潜在的不良诱因。一如贝姬·韦所说,"从农民的角度来看,一头没了有机身份的牛,可是个大问题"。

> 非有机白湖奶酪农户罗杰·朗曼(Roger Longman)把话说得更清楚:"许多农民心想,'哦,好吧,它病得其实不怎么严重啦。我不给它治疗,但愿它自己好转。'在我看来,这是错的。如果我生病了,会去找医生拿点抗生素,我希望能用同样的方式对待自家的牲口。"

小而有机 vs 大而工业

有机的最终卖点是常规农业破坏环境、不可持续。不管是过去还是现在，找到这类恶性例子都不困难。最臭名昭著的一例是，密西西比河沿岸农耕土地所使用化肥里的含氮成分流进了海洋，在墨西哥湾形成了一块"死亡地带"，大多数海洋生物都没法在那里生存。2008 年的一项研究发现，全世界有大约 400 处类似的死亡地带。但用最为恶劣的例子对非有机耕作下判断就大错特错了。如果认真考察证据（而不是只选对一方最有利的证据），你应该看得出情况复杂而纠结。比方说，一项针对内布拉斯加州玉米高强度生产方式所做的研究指出，高度灌溉和施加氮肥能让作物产量更高，使用更少的能源，对环境的影响也较小。就连海伦·布朗宁也不否认，证据并不都支持有机种植一方。"有机显然能带来更大的生物多样性。至于气候变化、温室气体这类问题，它只在某些方面有作用。"

如果有机宣传继续以可持续发展作为王牌的话，恐怕并不明智。近些年来的历史表明，常规农业有很强的适应性，也在积极减少对石油、合成氮等有限资源的依赖。有人称，西班牙南部山坡上的水培农场完全可持续发展，因为它们极为高效，不污染周围的土壤，也不需要过多地使用化学物、水或石油燃料。

就算你不接受水培农场的辩白，那么，即便可持续性是关键，工业化的丑陋农业实现真正的安全和可持续发展，也无非是个时间问题。如果真是如此，比起有机农业，我们就有充分的理由偏爱这种工业化的丑陋农业了。有机运动的局外人大多并不相信（甚至一部分局内人也不相信），假如整个地球的农业生产一夜之间转向有机方式，我们根本养活不起整个世界。

这并不是说，我们需要建设贪得无厌的巨型农场。今天，全世界 70%

的粮食都是农田面积不到 2 公顷的小农户种出来的，所以我们靠的并不是大型工业化耕作。争论双方都爱表现得特别极端，真相却是：不管是让农业完全有机化（就连环保组织"地球之友"的报告里也未如此建议），还是最大限度地实现工业化，两条路都很有问题。这不是一道非此即彼的选择题。就连土壤协会的总裁蒙蒂·唐（Monty Don）在 2008 年就职时也承认："我宁可人们买本地产、可持续的非有机食品，也不希望他们买世界各地运来运去的有机食品。"

一如汤姆·鲍尔斯案例所示，农业不是按小而有机或者大而工业整整齐齐划分阵营的。尼尔牧场乳业的多米尼克·考特（Dominic Coyte）原则上支持有机，但他说："你可以建设大型有机农场，可它们的耕作或畜牧条件真的就比得不到土壤协会认证，或者觉得纯有机太夸张的小农户好吗？在我看来，规模更重要——有些有机牧场太大了。"事实上，如今的一些有机农场已经大得让作家迈克尔·波伦（Michael Pollan）用"工业化有机"来形容。这些农场是否吻合有机理想，可得打个折扣。慢食运动发起人卡洛·佩特里尼就一直抱怨美国大农场对外来农工的剥削，他说："没有哪个文明国家会提倡加利福尼亚式的有机农业，它奴役了那么多墨西哥农工。"用挂着有机招牌、从数百英里之外买来的饲料喂养大批羊群，真的就比小规模羊群在牧场上吃着喷洒了少许农药的牧草更好？我们真的更喜欢大片大片单一耕作有机玉米的大农场，而不是谨慎喷洒农药的混合型小农庄吗？

情况这么复杂的一个原因在于，"有机"没有清晰的定义。不同的国家有不同的标准，甚至同一国家也有着不同的标准。比如，养殖鲑鱼可以在苏格兰获得有机认证，欧盟却没有相应标准。在英国，欧盟设定了有机认证最低标准，但有 10 个不同的机构可颁发认证，每一个都自有规则。这些规则大多数差异很小，但有些区别挺大：美国完全禁止抗生素；英国准许有限使用。

这意味着，虽然有机围绕 4 项原则（即保障食品生产每一环节的健康，与自然生态环境共处并效法之，公平对待所有人，遵循预防原则）构建，却以一套复杂的规则为基础运转。因此，既有善于利用规则的人不尊重有机原则，只想方设法为自己的产品增加溢价，也有尊重健康、生态、公平和关爱等原则的农民没法通过认证。比如，安达卢西亚地区卡迪亚尔集市上的农民就用这样一块牌子打广告，大字写着"有机农产品"，下面附有一行小字"没有认证"。但从一个重要的意义上来说，他的说法不对——"有机"根本就来自认证系统的定义。

近几年这些问题的相关讨论和论述很多，我发现人们往往莫名地放不下"有机食品有特别的好处"的想法。出于善意，我的理解是，他们看到了有机的好处，可惜事情本身不见得完全符合他们的想法。是的，食品生产必须善良地对待动物，必须让环境可持续发展，必须安全和健康，可不但非有机系统能满足这些标准，一部分极端工业化的系统也能。

以地球管家自居

我的观点是，有机还是有益的，因为它体现了健康、生态、公平和关爱四原则里并未明确说出，但大环境下无处不在的一种美德：做好地球管家（stewardship）。土地不是我们为所欲为的对象，而是从上一代人那里继承来的，必须妥善地保护，把它状态完好地传递给下一代。当代最雄辩的保守派哲学家罗杰·斯克鲁顿（Roger Scruton）说过："我们逐渐明白，当下同样是过去，而且是尚未到来的人的过去。"怎样应对，是我们在波洛波斯这类地方面临的挑战，古老的传承已经耗费殆尽、无法得到补充，取而代之的东西似乎又面目可憎。

如果从地球管家的角度思考，我们就不会被有机、技术农业的效率最大化或者尽量保护食品的传统生产方式等设想牵着鼻子走。"管家"的职责确实要求我们的农业可持续地发展到未来，但这只是一部分的意义所在。我们还要保护土地和景观。如果只关注可持续发展，那么大片大片的塑料大棚让安达卢西亚和阿尔梅里亚黯然失色，也没什么好反对的。塑料大棚的问题在于，从前的美丽景色因为它们变得丑陋，山坡被夷为平地。20世纪五六十年代，为吸引来寻找廉价消遣的英国度假客，西班牙在海边建起了大量毫无品味的度假屋，毁掉了海岸的景色。现在，为了向寻找廉价食品的英国消费者提供索然无味的食物，远离海滩的山麓也快要给毁掉了。为了获得快速回报，西班牙人搞砸了自己的家业。当然，保护自然风光和发展需求之间总要有所权衡，优秀的地球管家既有勇气保护不该改变的东西，又有着敏锐的眼光洞察、做出必要的改变，并且懂得两者之间的区别。

做好地球管家还要求我们保护饮食文化，人不光是填饱肚子，更要吃得好，吃得有讲究。这意味着要尊重食物的品质和风味，而不光看重它的数量和价格。诚然，有一种精英主义态度也很危险，它忽视了收入有限的人需要廉价地填饱肚子。但中产阶级津津乐道的"只要人学会恰当而节俭的烹饪方式，人人都能吃上美味的有机食品"这套废话，我并不买账。但我相信，绝大多数人能在自己的预算范围内吃得更好。这是个优先次序的问题。

比方说，"鸽子农场"（Doves Farm）有机食品公司的迈克尔·马里奇（Michael Marriage）为有机面粉和饼干的高价辩护，他反问道："我们干吗随时随地都得购买最廉价的食物？"他的话一语中的，基本上，其他任何东西我们都不会只按价格来挑选，包括饮料。食物占家庭预算的比例之小，达到了历史最低水平，但与此同时，我们又花了许多钱外出就餐或者叫外卖。2011年，英国家庭平均在食物上每支出1英镑，就有43便士用于外出就餐。作为称职的地球管家，我们不需要在食物上支出更多钱，只需要调整一下支出分配方式。

地球管家的观念囊括了有机主张里真正好的东西，但又包含了不仅限于有机的更多内容，这是它的美德。故此，身为地球的托管人，我们既不能糟蹋它，也不必原封不动地保管它。在决定购买什么食物的时候（不管它是否贴着有机标签），这才是我们需要考虑的事情。至此我们发现，"有机福音"只能算是"旧约"，它为"新约"铺平了道路，使其建立在更稳健的美德之上。做个称职的地球管家吧！

05

屠宰也有关爱

THE
VIRTUES
OF
THE
TABLE

二十多年来，我头一回决定去买一份培根三明治吃，萨默塞特郡靠近兰福德的 A38 号公路边，移动咖啡馆"提摩西早餐"（Breakfast at Timothy's）里卖得挺多的。我刚刚参观了不到 1 英里之外的一家屠宰场，那里的猪们已经迈上了转变成三明治肉馅之路。这次体验让我成为一个罕见的例子：亲眼看见怎样屠宰牲畜，反倒让我多多少少更想吃肉了。在一个朋友乡下家宽敞的猪舍里，我也看到了猪的饲养方式：它们吃得好，被照管得当，安全又快活，一如谚语所说："就像在泥巴里打滚的猪。"我很满意，可以问心无愧地吃它们的肉了。但提摩西咖啡馆里出售的白面包和法棍面包里夹着的猪有没有这么好的待遇，我不是特别有信心——所以，这时来上一塑料杯热腾腾的浓茶壮壮气势，倒是挺合适的。

对我来说，这是漫长旅程中最近的一个中转站。最初上路，我只是个十来岁的少年，戒掉了吃哺乳动物和家禽。我父亲半素食（也就是大部分动物都不吃，但吃奶制品、蛋和鱼）好些年了，当时我姐姐也开始半素食，我打算也试试看。这不是因为我相信吃肉就是谋杀，而是因为我不敢肯定此说的真假。我轻松地戒掉吃肉食，一旦涉及生死问题，谨慎些最好。

我从不说自己吃素，部分原因在于大部分海生动物我都吃，而且我觉得，如果拒绝偶尔吃些家禽，尤其是已经死掉又出乎意料地摆在我面前的鸡，未免太过做作。不过，十多年来，我从不买肉类或家禽，对含有动物成分的奶酪等食物，也只买素食版的。这种状况持续了十来年后，我又仔细想了想理由，决定更严格、更坚定地遵守原则。

我一直很确信，完全不杀害动物性命的说法站不住脚。"生命神圣"原则不能应用到所有生物上，不然我们也不会杀死害虫、传播疾病的昆虫、细菌或病毒了。为了让敬畏生命的态度更一致，你得像耆那教派①的信徒一样遮住嘴，免得吞了苍蝇；食用蔬菜也必须仔细选择，因为机械收割机和杀虫剂要杀死数以百万计的田间动物，比如兔子、老鼠和野鸡。你当然也不能养猫让它自由到外面玩耍，因为猫可不会因为有人喂食就不再杀生了。研究人员估计，在美国，"自由放养的家猫每年要杀死 14 亿到 17 亿只鸟，69 亿到 207 亿只哺乳动物"。

让人类扮演上帝，判断哪些生命神圣不可侵犯，哪些生命又可以被随意夺走——以此为基础反对杀生毫无意义，原因就在于此。每个人，素食者也不例外，都得自己划界限。只有疯子会把界限划在"细菌和病毒可杀"上。传染病毒的虱子，几乎人人都乐意杀。大多数人会杀掉害虫，尽管也有很多人会选择把害虫抓起来——但之后怎么办呢？放到"老鼠避难所"去？在哪儿划界限引人争论，而划界限明智的标准只取决于觉悟的高低。只有能维持

---

① Jainism，起源于古代印度的一种古老宗教。——译者注

某种值得拥有的体验的生命,其福利才是值得尊重的。这就是为什么素食者会对动物和植物的生命有不同的看法。有理智的人不会争辩说,把胡萝卜从地里拔出来会让它受苦。

动物的疼痛 vs 人类的受苦

然而,虽然大多数素食者和杂食者都接受这一基本原则,在如何遵从上却存在区别。对很多素食者来说,关键在于,不管动物的认知能力多么有限,它们仍能感到疼痛。哲学家杰里米·边沁(Jeremy Bentham)说过一句深刻的话:"问题不在于'它们能否推理',也不是'它们能否说话',而是'它们是否受苦'。"带来不必要的痛苦很糟糕,所以,如果能避免,当然就是好的。

但应用到吃肉上,这一说法又远远不够明确了。首先,动物承受多大的痛苦,算得上是严肃的事情呢? 在这里,我觉得有必要对"疼痛"和"受苦"做一番区分。"疼痛"很简单,它是一种不愉快的感觉,是在进化中形成的肢体伤害预警系统(尽管有些警告是误报)。凡是有着基本中枢神经系统的动物,都能感到疼痛,甚至一些甲壳类动物也有部分痛感。而受苦不仅仅是一时之痛,甚至也不是连续的疼痛。它是累积起来的疼痛,要求当事方具有一定的记忆能力。

为了说明这种差异,想象有一个人,不管是有意也好无意也好,他无法对自己的经历保留记忆。不管遇到什么事,统统立刻就忘掉。假设这个人每隔 10 秒会被刺痛一次。不必要的刺痛当然不好,但每一次的刺痛并不特别难受,而且后一次刺痛也不比前一次刺痛更强烈。总之,每一次刺痛出现,这个人都像是第一次经历似的。现在,想象我每隔 10 秒就跑来刺你一下。

用不了多久，你恐怕就抓狂了。"快停下来！"你会说，因为你知道这是一场持续的折磨，如果它无限期延长，会相当可怕。你感受的疼痛总量跟前述失忆者一样，但你所受的苦却比他大不知道多少倍。这反映了一个普遍的真理：疼痛固然不好，受苦却糟糕得多。

事实上，大量实验证据表明，疼痛和受苦不一样，受苦依赖于记忆，较之单纯的疼痛，我们更在乎的是受苦。有个极为引人注目的实验：接受内窥镜检查的患者被要求在过程中报告自己的疼痛和不适程度；检查结束之后，实验人员又让患者给自己整个体验的不愉快感打分，评估自己再次承受这一经历的意愿。因此，实验获得了两组结果：一连串的实时判断，以及回顾性的最终评估。结果，最终判断更多地取决于实时过程中痛感最强烈的一刻，而不是整个过程中所感受的痛感总量。不巧，内窥镜最疼痛的环节刚好是在检查结束的那一刻，如果它停在这一自然时间点，患者的判断是这一体验非常痛苦；但如果让内窥镜保持在原位，制造持续的轻度疼痛，使不适感缓和下来，患者的最终评价是，整个检查过程的痛感没有那么强。这严重违背了直觉，因为，在后一种情况下，尽管患者的判断是不那么疼，但它其实跟前一种情况一样疼，结束时还额外增加了轻微的不适感，只不过疼痛总量多些，受苦总量却少了。

导致这种情形的原因其实很简单：疼痛本身是一种不愉快的感觉，但疼痛体验来自对当下这一刻的觉知，很快会过去。人的自我意识之所以更发达，不在于人能体验不同的时刻——所有动物都能做到——而在于我们能够根据这些经历，创造出对生活的叙事。这种更高级的自我意识形式并非单纯地聚合人经历的每一时刻，而是根据经历过的时刻构建了一种不同的经验。从这个角度来说，受苦是基于疼痛的一种构想，而不是疼痛的直接累加。

这就是为什么受苦有别于疼痛，以及为什么受苦更加严重。当然，这并不是说，造成难以忍受的一次性疼痛，一定不如造成轻度的持续受苦那么糟糕。对比这类事情，不可能有什么简单的算法。但我认为，它确实表明，如果仅仅是引起疼痛，而并未导致明显的受苦，那就没有多大的错。应用到动物身上，它的道德寓意是很清楚的：在养殖或狩猎过程中，动物感受到了瞬间的疼痛，不见得有多大的错。只有当人让动物真正持续受苦，或带给它们反复的剧烈疼痛，才有必要给予严肃的关注。

我听过一个有趣的故事，它充分说明了动物的疼痛和人类的受苦之间的区别。

> 有个妇女随团到肯尼亚旅游，团里带着一头山羊，许多人都挺喜欢，时不时地摸摸它。不过，妇女知道这头山羊最终的命运是要投入大锅煮熟分给众人吃的；等山羊被绑在树上割喉咙时，事情就更明显了。众人的围观显然让宰羊人感到了一定的压力，第一次宰杀时，刀子太钝，没有成功。所以，磨刀期间，山羊被放了下来。一等松开了蹄子，它就继续去吃草了，仿佛什么也没有发生。这时候，妇女体会到自己和山羊之间存在的鸿沟。如果她遭遇了同样的经历，一定备受创伤；可山羊全无生存焦虑，它受了惊，但惊吓已过，仅此而已。

这仅仅是一个小故事，但科学证据支持这一阐释，不过有一些附加条件。首先，不同动物的创伤体验不同，比如狗对创伤的记忆就比山羊要长一些。此外，反复虐待会让动物受苦，因为它们的应激激素被永久激活了。即便如此，这并不违背故事的基本观点：跟人类相比，动物更活在当下，暂时的疼痛或不适不一定会带来明显的持久影响。

这就是为什么针对"何以不该吃虾"的问题，迄今为止我还没听过基于动物福利提出的可信理由。虾的神经系统太简单，在我看来，它们完全不会受苦。相反，猪很可能具有感受痛苦的认知水平，但这意味着我们应该好好饲养它们、不让它们受苦，而不是我们不应该屠宰它们，哪怕屠宰只会带来一时之痛。

那么中等复杂的动物又怎样呢？鱼在船甲板上窒息而死，是真正受苦呢，还是它只对当前有意识，经历了一连串疼痛的时刻（就跟人失忆的那个例子一样）？这个问题恐怕提得不大恰当，因为它暗示了一种非此即彼的区别，但我们有充分的理由认为，所有的生命体处于一个连续的集合中，物种能力之间并无截然的界限，只存在级别上的差异。有可能，同样情况下，鱼比虾受苦多一点，又比海豚少一点。如果受苦要求有一定的自我意识，也即拥有记忆力，认为自己是连续体验的主体，那么，很明显，某些物种体验到受苦的天生能力强于另一些物种。

权衡疼痛有多大的重要性时，切莫忘了，一定程度的疼痛是所有动物生活中不可避免的事情。对那些被我们狩猎的野生动物而言，死在我们手里并不比其他死法更糟糕，很多时候还更好些。野生动物并不单纯地过着快乐的生活，然后蜷缩着安然逝去。如果它们是猎物，很可能会死在天敌的锋牙利爪之下；而同为动物的天敌，可不会受良心或福利法规的约束，让猎物们死个痛快。天敌会先把猎物慢慢撕扯开来，在锋利的牙齿之间拖着咬着，有时甚至长达数小时。如果动物染上了疾病，或者变残废，也会慢慢死掉。所以，较之让动物自生自灭，射杀是否会给它们带来更多疼痛，这可不好说。

让动物过上得体的生活

有人坚持认为养殖造成的一切疼痛都不可容忍，这种看法忽视了以下事实：良好养殖场里的动物过得很愉快，感受到的疼痛肯定比野生动物一辈子经历的要少；野生动物生了病没有兽医治疗，死得干净利落的概率很低。只要看过野生动物的纪录片，你就知道动物要挣扎着抵抗饥饿，大多数幼崽生下来头几个星期就死了，弱者自然淘汰，不是被当成猎物叼走，就是被更强壮的同胞抢了食物。从这个意义上看，出生在良好养殖场的动物，等于是中了彩票，其野生同类则望尘莫及。

那么，真有良好的养殖场吗？从动物的角度来看，这种事有可能吗？思考这一点存在一个问题：对什么是善待动物，我们都有类似的看法——露天圈养，或小群散养。我们只要一看到动物处在不够自然的环境下，就觉得它们受了这样那样的剥夺。以我在萨默塞特郡谢普顿马利特参观过的一家农场为例好了。

罗杰·朗曼生产的优质白湖奶酪就用了不少该农场的牛奶。我去的那天，牛正在草场吃草。不过，我参观的是牛群冬天要住的大棚。它们要在畜栏里，靠着稻草槽过上好几个月。但朗曼坚定地认为，其实牛更喜欢这样。冬天，草场会变成泥泞、寒冷的沼泽地。在如此气候条件下，我们也宁肯坐在屋里，而不是在户外徜徉。要是有干草正摆在面前，牛群自然也会高高兴兴地整天待在屋檐下面吃个不停了，没有什么比这更快活了。只有幼稚的小孩，才以为牛儿们总是望眼欲穿地想到草场上撒欢。

朗曼承认，冬季快结束时，牛群也会因为整天关在畜栏里而表现得闷闷不乐。"到了春天，把奶牛放出去，它们会在草场上蹦蹦跶跶，上下跳跃。那场面很可爱。可第二天，再放它们出去，它们的表情会变成这样——"朗曼学着牛的样子把脸耷拉下来，"'天哪，得爬那么高走那么远才能吃到草！'"

另一名养牛户也肯定了这一场景，他说，奶牛们的春季欢腾只持续得了半小时。冬天关在屋里，奶牛不会受到太深的伤害，这就好像孩子们并不会因为上学受到太大损害，可一下课，他们还是会兴高采烈地跳出教室。"去看看草场上的牛群吧，它们一动不动。"朗曼说，"只有人类才会为了乐趣而跑步。"没错，有些动物会为封闭空间感到苦恼，它们需要建立自己的领地，不应该圈养；但养殖动物不见得全都会为封闭空间感到苦恼。

这并不是农户们的自我开脱。"到了冬天，奶牛乐意进畜栏。春天来了，它们也乐意到户外去。"动物福利专家贝姬·韦说，"冬天，它们真的不愿意站在齐胸高的泥巴地里，它们尤其不喜欢强风冷雨，可凄惨了。"事实上，在韦看来，这正是有机标准"走得太过头"的一个方面，它试图让奶牛置身"自然环境"的时间量达到最大。"尤其不该在恶劣天气把小牛放到户外去，因为它们的跗关节不应该泡在泥潭里，简直应该立法禁止。"

另一种浪漫想象是，挤奶女工坐在凳子上，轻柔地从奶牛的乳房里挤着奶。现代化挤奶机的样子不怎么叫人神往：金属盒子上伸出管子，管子末端有橡胶衬垫，在脉冲真空泵的作用下挤压奶牛的乳房。看起来跟现代医院设施差不多，没人乐意跟它扯在一起，但朗曼说："它不是要把奶拽出来，而是轻轻地挤压。其实手工挤奶对奶牛乳头的损害比机器还大。"

一旁不远处养着山羊，屡获殊荣的白湖奶酪，比如雷切尔、小沃洛普（Little Wallop）和白南希（White Nancy），就是靠它们的奶制成的。你兴许还是指望看到它们在户外放养，事实上，它们待在大型羊圈里。原因在于，如果在本地区的土地上自在漫游，会招惹来它们自身无法免疫的寄生虫。对山羊来说，在屋里吃草，比在户外咀嚼一切进入视线的东西更健康。牛羊圈对浪漫主义也是另一种挑战。山羊最近在产羊羔，羊圈附近躺着几具孱弱羊羔的尸体和死胎，尚未处理。这有点可怕，但山羊并没有什么表现出痛心的行为。

专门来农场参观的人看得出，养殖牲畜并让它们过上得体的生活，是有可能的。这倒不是说，我赞许的良好养殖很常见。贝姬·韦告诉我，尽管英国和欧盟都提高了动物福利标准，但还是有22%的奶牛是瘸子，无法自如地走路，而致病原因几乎均可归结于糟糕的畜牧方式。工业化牲畜养殖最恶劣的行径（让数以万计的动物日夜挤在大棚或圈里）在美国相当常见，而且状况仍然十分糟糕——一如彼得·辛格和吉姆·梅森在《吃》（Eating）一书中所记录。

另一个问题是，许多现代养殖动物被饲养得丧失了过上体面生活的能力。人对它们施加约束和限制，是因为没有了这些约束和限制它们根本没法生存。最有名的例子是肉鸡，它生长极快，腿根本无力支撑身体，没办法在开放环境里生存。还有一个不大出名的例子是现代荷斯坦（Holstein），英国最常见的一种奶牛。贝姬·韦告诉我，在饲养条件下，为了出产成加仑的牛奶，荷斯坦牛要吃大量食物，甚至丧失了像祖先那样面对饲料减少（会导致乳汁分泌较少）所产生的本能反应。出于它对营养物质的要求，最好是把食物送到它跟前，而不是让它到户外去吃草。世界农场动物福利协会的菲利普·林伯里（Philip Lymbery）这样对我说："奶牛在基因上被改造得非常彻底，产量高的品种无法在草原上生存。"

朗曼称这种现代奶牛品种为"精英运动员"，能用喂给它们的"火箭燃料"超级高效地产出牛奶。"鸽子农场"的迈克尔·马里奇则用相同的比喻指出现代化作物和动物品种存在的问题："现代品种就像是训练有素的运动员或者法拉利跑车，生长得非常好，但因为受过高度优化，只要有一个环节出问题，它们就会迅速倒下。相比之下，古老的品种更像是驴或者农用的役马，适应性更强，可'跑'得不快。"这里的道德问题不在于怎样对待牲畜，而在于当初竟然培育出了这样的品种，让它们的生活如此艰难。

与此同时，认为动物天生有权按大自然赋予它的方式生活，兔子过着圈养的快乐生活还不够，应当能在开阔的田野里蹦蹦跳跳——这样的想法也是错误的。毫无疑问，这一套是浪漫主义的无稽之谈。所有养殖动物被养殖只有一个目的，我们不应该认为养殖剥夺了它们本应享受的独立自由生活，它们的天性其实跟养殖紧紧联系在一起。无角陶赛特羊的自然生活就是在养殖场里快速产下羊羔，家猫也并不渴望永远在室外生活，否则就会逃跑去过真正的野外生活了。

这跟我常常从养动物的人那里听到的奇谈怪论不是一回事。他们认为，因为牲畜养来就是为了宰杀，所以这可以接受。可如果我们把人当成奴隶养，这并不代表我们就有奴役他人的权利。饲养牲畜是为了吃肉，这不是屠宰牲畜的合理借口，相反，它本身需要一个合理的说法。

我的意见跟另一种似是而非的观点也不一样，后者认为，没有养殖，家畜根本就无法存在，所以，继续饲养家畜是符合它们利益的。但是，物种整个种群的利益不能凌驾于该物种个体成员的利益之上。如果非要在以下两种情况下做出选择——让一个物种灭绝，或是让该物种成员在可怕的痛苦当中苟延残喘——那么，拯救这些动物，对它们并无益处。牲畜养殖的本质问题在于，养殖不能有违它的利益或本性，一如我们不应该为了维持物种的种群而养殖它们。

如果你思考过动物怎样生活算得上好，那么，认为养殖不能带来好的生活这一看法，理由并不充分——尽管太多的养殖场没有带给动物良好的生活。但养殖动物的善终又该怎么说？爱吃肉的人可别忘了，每一头快活拱着地的猪、每一只吃着草的羊，最终都被剥了皮挂在了钩子上。这就是为什么我带着朋友的猪去了屠宰场，要亲眼看看整个过程。尽管我在这里陈述的论点让我放心吃其他妥善饲养的动物肉，猪肉却还是下不了嘴。考虑到我的担心和不确定，我想，只吃某些类型的动物肉，能鲜明地提醒自己：人与动物有着关联，动物也是活生生的存在，理当尊重对待。我早就听说猪很聪明，跟乖乖待宰的羊不一样，猪能感觉到是怎么回事，一路上都拼死挣扎抵抗。在动口吃猪肉之前，我必须亲眼确认：猪能活得好，也能死得顺。

善待与食用并非水火不容

不只我一个人在养殖动物里最关心猪，我甚至在托德莫登碰到了一个从前的养猪户埃丝特尔·布朗（Estelle Brown）："没理由只是因为我喜欢吃，就在不需要的时候屠宰有灵性的动物。"所以她变成了素食者。有一头猪给她带来了特别大的冲击：一头白肩猪，只要没把钥匙取走，它能打开农场的每一扇大门。人们甚至尝试过安装一种特别设计的防猪拱的螺丝锁，但"它会把嘴巴围着锁一圈一圈地绕，它知道怎样把螺丝卸下来打开门，而且，它只把自己放出去，把其他猪都挡住"。

我是在猪圈里跟这批带去屠宰场的小猪们相遇的，它们显然触动了我多愁善感的一面。一群可爱的搞怪小动物，嘴巴的自然形状挺像人类微笑的样子。不过，等被赶上皮卡车，它们智力有限的问题就愈发明显了。如果你不希望猪朝着某个方向走，做个硬质"挡猪板"就行了。猪一看到挡板，就觉得这是一堵没法通过的坚实墙壁。你把挡板举着，猪就不会朝你拱过来，甚至试都不会试，哪怕它的力量足够把挡板拱穿。它们或许很聪明，但也没那么聪明。

到了屠宰场之后，猪从卡车上下来，小跑着进入"待宰圈"，屠宰之前它们就在这儿等着，并未表现出痛苦。这家屠宰场是业内模范，隶属于布里斯托尔大学兽医学院，"待宰圈"远离其他牲畜，而且，猪停留在圈里的时间也尽量缩得很短。尽管如此，在一些大型屠宰场干过的负责人柯林告诉我，跟其他牲畜离得近不见得对猪有什么糟糕影响。给猪施加压力的是人，而非其他牲畜，所以，商业屠宰场机械化、无人化的性质，反而会让猪更好受些。

屠宰过程本身非常高效，而且，在我看来，明显无痛苦。四头猪被移入致晕区，移出另外两头当时已经晕过去的。致晕设备（有块铭牌表明它由人道屠宰协会提供）是一把带金属齿的巨大钳子，使用前，经屠宰手检测和擦拭。等同事轻轻牵着猪就位，他就用钳子在猪脖子上一夹。大多数猪一瞬间就沉默地跌倒在地，只有少数发出细微的呼叫。同事用链子套上猪的后腿，悬挂输送带就把还在自动反射抽搐的猪运走了。

和我想的相反，等候的猪似乎并未意识到自己和周围同伴们的命运，哪怕晕过去的猪就在几步之外——这有时甚至叫我为之动容。有一头猪对同伴身上发生的事浑然不觉，甚至想跟对方搭伴走。说它意识到自己大限已至，想让自己留在地球上的最后几分钟过得更有意义，未免太天马行空、信口开河了。

传送带上的猪穿过墙壁上高高的窗口，进入主要加工区，被另一名工人一下刺穿喉咙，鲜红的血喷出来，工人轻松闪过。猪在椭圆形黑色橡胶桶上挂一会儿，桶里收集的血大都扔掉，不会用来做血肠。白色墙上星星点点的鲜红血痕，让人联想到黑帮电影。

这时候，猪身上的链条松开，把它倒进一口滚水大缸里翻滚搅拌并去毛。等毛发脱完、猪蹄上的指甲也拔掉之后，就该进入下一阶段了。旋转金属棒把猪又起来，卸到相邻的平台上，平台猛烈摇动，就像机械土豆削皮器那样把猪皮给刮掉。这一步骤会产生极大的噪音，场面也很血腥，在整个过程里最让人感到不安，不过猪这时其实早就死了。猪的肢体仍然完整无缺，透过沾满血和毛的半透明塑料挡板看去，就像是活生生的动物遭受了残酷虐待。

振动停止之后，猪滑到水缸另一侧的金属平台上。两名工人各执一端，用刮刀把剩下的毛皮刮掉。接着猪又被套上挂钩，送到水管下冲洗，露出光溜溜的肢体。工人顺着它的胃，切开一条竖直的缝，取出内脏扔掉。过去，内脏会用来制作廉价食物和动物饲料，但欧盟不久前禁止了这种做法，以免传染海绵状脑病（以疯牛病最为知名）。不过，这意味着有更多的部分浪费了，卖出的钱更少，肉更贵。

在从屠宰室出来的路上，我跟兽医学院的一位专家简短地聊了两句。他认为，凡是吃肉的人都应该来屠宰场看看，以此作为买肉的资格。有人甚至说，如果不愿意亲眼参观屠宰过程，那就不应该吃肉。但我们不应该用神经是否强韧来检验道德的一致性。如果真的采用这样的标准，那么，凡是旁观心脏手术要晕过去、感觉恶心的人，都不该接受心脏手术。我们的文化取决于许多事情，动物屠宰固然令人不快，但这并不妨碍我们出钱找人替我们干。同样道理，我认为，能够直视动物屠宰过程的人，不见得就一定比无法直视这种场面的人更有权吃肉。前者或许只是神经更强韧，心肠更硬，或者对屠宰更熟悉而已。

不过，我的确以为，对像我这样的城里人来说，听听在饲养和屠宰一线工作的人的说法，极大地有助于克服多愁善感和无知。多愁善感和无知妨碍了我们对动物表达真正的同情心。"我们跟食物链脱节太久了。"托比亚斯·琼斯（Tobias Jones）说，我就是带着他的猪去屠宰场的。电影《快餐帝国》（*Fast Food Nation*）表现了这一点，它生动地展示了集约化养殖和肉类加工的许多恐怖场面。不过，最狠的一拳来自影片末尾屠宰车间的画面。在影片曝光的所有场面中，这是所有肉食生产都需要的一环——再讲究人性化也一样。观众对处理过程最自然的一环最为不安，我觉得这很说明问题。

没错，当人们习惯了正常人觉得可憎的事情，熟悉就导致了麻木。动物解放主义者们会义正言辞地告诉你，看起来和普通人一样的德国纳粹就是靠着这种心理机制在死亡集中营工作的。但我访问的所有奔波在养殖一线的劳动者，没有一个对动物福利不敏感的。

举个例子，我有个意大利叔叔，他会用一整天时间屠宰、切肉，做猪肉香肠。在他眼里，"猪是一种高贵、聪明的动物。"跟动物建立起发自内心的亲密关系，对生命的尊重会变得更真切。现代都市生活几乎彻底隔绝了这一途径。人们经常说，如果你知道香肠、腊肠里装的是什么东西，就永远不会再吃它了，可对深明内情的人来说并非如此。

在屠宰场，人们是就事论事的，但他们看起来并没有漠视经手牲畜的鲜活生命。赶猪的时候，他们会用一些融入了感情的宠爱字眼，比如"猪仔""灰娃""宝贝儿""孩子""肉肉"，但他们又清醒地知道接下来的一幕会是怎样。跟我在更衣室里聊天的兽医觉得屠宰动物是件极其严肃的事情，所以他认为把吃剩的肉浪费掉不道德。亲手刺穿猪喉咙的那人形容猪倒吊着、脖子上鲜血横流的场面太"血腥"，还说他没法吃掉自己亲手打死并剥皮处理的兔子。这样的话，显然不是关闭了自己情感回路、漠然屠宰的人说得出的。

很多饲养牲畜的人对最终要把牲畜送去屠宰表达了某种悲伤情绪。朗曼说，他没法把多余的雄羊羔送去屠宰，只可惜雄羊羔是山羊养殖的必然副产品，"它们真的太可爱了。"最奇怪的是，把我朋友的牲畜送去屠宰场的凯特，是个养猪户，但同时也是个素食者——这种情形挺少见的。她还没当饲养员之前就吃素，因为她"受不了去乐购超市购买不是按良好方式道德饲养的猪的肉"。如今，她吃素的习惯已经根深蒂固了，连自己养、自己屠宰的猪肉也没法吃。

在我看来，许多干牲畜养殖工作的人，对良知都有着最为敏锐的感觉，这正是道德食肉所要求的：同情心。在英语里，"同情"（compassion）这个词的词源对我们颇有启发：有（com-）感觉（passion）。它植根于最基本的道德情感（可以说是一切道德的基石）：共情（empathy）。靠着共情，我们才能接纳别人的观点，理解别人同样有爱好，能感受快乐、承受痛苦、满怀希望，也走向死亡。共情需要智慧和情感。电影《巴顿·芬克》（*Barton Fink*）里有个睿智的人物说得好："共情要求有理解力。"没有理解，我们会以为自己能感受到他人的痛苦，但那其实只是自己想象的投射；相反，如果对他人或动物没有感觉，只从知性上去理解他们的观点，又远远不够完整。理性和情感的互动要求，解释了为什么以尽量减少痛苦、尊重生命为基础的抽象的动物权利主张远远不够。不光在逻辑上站不住脚，还多以对生活和受苦的假设为前提，没经过科学证据的检验，也并非来自养殖动物实地生活情况的一手经验。

当然，没有人能真正知道当头猪或牛是什么样子。科学可以给我们一定的帮助，因为科学家观察了人类和牲畜中枢神经系统的异同，又结合动物的行为，得出最合理的结论是这样的：动物确实跟我们有相同的感觉。要是有人以为，动物仅仅是愚蠢的野兽，所以可以忽视动物福利，那么，从某种意义上说，这样的人本身就是更加愚蠢的野兽。

但科学知识能告诉我们的仅此而已。擅长饲养的良好养殖户大概比动物学研究生更能准确地判断动物状况的好坏。我认为，优秀养殖户对动物的同情心，可以被视为其他人行为的榜样，毕竟，我们并没有跟牲畜亲密地生活过。他们教给我们：善待动物跟吃动物肉并非水火不相容的两件事。

吃素不一定比吃肉更人道

事实上，我甚至可以说，在某种意义上，部分素食者对动物的尊重还不如有些肉食者。真正的尊重意味着承认你的尊重对象到底是什么，而不是把它当成你想象中的东西。比方说，尊重跟你信仰不同宗教的人，你必须接受两者的差异真实存在，而不是假装别人崇拜的神与你自己的其实一样。同样，尊重羊羔，你就需要接受，它不是披着羊皮的婴儿，而是一种有着自己物种特色的动物。几乎所有非人类的动物在这方面都有着一些共同点：它们对未来没有规划，只能单纯等候；它们不为过去懊恼；除了自己此时此刻的存在，它们对其他任何存在形式都没有想法。它们躲避死亡只是出于本能，而非出于想要实现理想未来的欲望。因此，迅速地屠宰牲畜，并没有剥夺它们宝贵的未来。

接受自然世界的这一事实，会让人很不舒服。我们知道，想到生活没有终极意义，会让我们产生生存焦虑感，它威胁着要以"毫无意义"打垮我们。如果你看到世界住着数十亿生灵，它们的生死也并没有带来太大不同，这个想法就更难以避免了。生活、受苦与死亡充斥着的无意义感，理解起来都很困难，遑论接受。素食是可以驯服此种焦虑感的一种途径，让动物王国因我们的对待变得似乎重要多了。它使这个世界，以及世界里包含的生命，变得更有意义了。比较起来，吃肉就太残酷了。

因此，富有同情心的食肉动物福利主义体现了这样一种道德：坚决不以抽象、超然的价值观（如生命神圣等）看待世界，也不从单纯的物质主义角度去看待它。它并不否认动物的生命有价值，但也不过度夸张。愿意屠宰、愿意吃肉，其实也就是愿意接受以下看法：死是生的一部分，重要的是活着的时候怎样活，而不是要永永远远地活下去。这样说来，吃肉也就是对生命的肯定，它高举凡俗生活的真正价值，而不为之附加任何额外的超然想象。

对我而言，各个方向的调查都得出了相同的结论。野生动物死于人类猎捕，并不比死在其他动物的利爪下更糟糕，也不比死于各种自然原因（大多很痛苦）更糟糕。如果饲养动物不给它带来比野生环境下更多的疼痛，不让它比野生同胞受更多的苦，那么，动物就算是过上了梦寐以求的好日子。大多数动物养殖和屠宰并不符合这些标准，我们有充分的理由放弃让大量牲畜陷入苦难的残忍做法，但也有很多牲畜、野味、家禽和鱼类真正通得过这场检验。

我告诉朋友，对动物福利采取更严格立场的意思是，我要比以前吃更多的肉。他为我的这番话笑了起来，主要是嘲笑。我的话听上去自相矛盾，但吃肉的道德很复杂，我现在觉得，尽管基于福利考量的素食主义用心良苦，其实却比流行的吃肉选择缺乏道德一致性。从福利上着眼，架式养鸡场出产的鸡蛋、密集养殖场出产的牛奶，比妥善养殖、实时屠宰的牛身上的肉更糟糕。

出于福利考量，只吃乳制品的素食主义最站不住脚、最矛盾的一个方面，在于乳品行业总会产出要遭宰杀的牛犊。所以，只要你喝牛奶，就是支持屠宰小牛，这跟你自己吃小牛肉没什么区别。这一真相叫人不舒服，却不容否认，很多素食者都假装看不见。他们坚持"常识"，认为吃肉和吃奶酪之间必然存在道德上的重大区别。但常识往往是蒙昧无知的，本例中更是迷信：总觉得屠宰动物又吃了它，比屠宰动物但没吃更糟糕。老实说，反过来想才对：从尊重动物生命的角度看，屠宰动物又丢弃它的肉，比物尽其用地吃掉它要无礼多了。

立足于动物福利考量的素食主义前后不一（尤其是如果对蛋奶制品的采购不严谨的话），倡导动物福利的机构缺乏逻辑，这掩盖了令人尴尬的真相，有时也会为此陷入窘境。举个例子，英国的许多产品都附有"素食协会认证"

的标志。除了要求所有的鸡蛋都是散养鸡所产之外，它的所有动物福利标准都以法定最低限度为准。（不过，保证了食物均来自非转基因，但转基因跟动物福利毫无关系。）从道德的角度看，我觉得这太可笑。比方说，不含任何动物凝乳酶的奶酪可以获得素食协会认证，可用牛犊凝乳酶制成的奶酪就得不到认证，哪怕产出牛奶制作素食奶酪的奶牛来自工厂化农场，生活过得比提供非素食奶酪所需凝乳酶的牛犊糟糕得多。在这种情况下，如果你关心动物福利，首选素食奶酪似乎有悖常理。不过，素食协会的这种荒谬少不了。如果它关注的真是动物福利，而非食物中是否包含动物肉这一简单问题，就无法再高举素食大旗。所以它最多只能对动物福利考量摆出无力姿态。素食协会发给我的一份声明里说："素食协会认识到，许多素食者都关心乳制品行业的福利标准；尤其是，他们希望避免采购永久关在室内的奶牛（即所谓零放牧）所生产的乳制品。对此，我们在网站上提供了建议。"

素食主义当然还有其他一些道德基础，其中之一是环境，和耕种作物相比，肉类生产把土地转化成卡路里的效率没那么高，而且会排放出更多的温室气体。但是，如果以科学的眼光考察证据，最环保的方案是我们少吃肉，而非完全不吃。原因很简单，有些资源我们没法用，但动物能。某些牧场不适合耕种作物，但用来放养绵羊、奶牛和山羊很理想。人类不能食用的残渣、废料和副产品，可以用来喂猪、喂鸡。完全不饲养动物，会让大量土地和植物白白浪费；而如果我们不捕鱼，同样需要有更多的土地来养活我们。

道德素食主义或许还有其他动机，但如果着眼于动物福利，从逻辑一致性和证据来看，素食者要么纯素食，要么不妨带着同情心，小心谨慎地吃些肉。因为，正如我所指出的，素食毫无理由，唯一合乎道德的选择是做个有良心的杂食者。

虽然我说过，以动物福利为基础的素食主义在对待动物的道德立场上前后不一，但这并不是说，从吃肉的角度看，素食者道德最低。远非如此。道德最为低劣的是那些完全不考虑动物福利、看到什么肉吃什么肉的人。他们前后一致的冷漠态度，活该被人批评。素食者至少在乎动物的痛苦，并想为之做些补救。他们采用一套简陋的"不吃肉"原则，对受苦动物所给予的帮助至少不比其他大多数人更少。他们至少试着遵守同情的美德，尽管采用的原则远非完善。不过，为了履行同情心，我们要始终记得：它不仅仅是一种感觉，必须依靠理性和证据的指引。

道德好似雷区，就算我们对问题思考得又深入又认真，仍然可能错得离谱。但我们必须做出选择，无法逃避：是完全不改变自己的行为，还是尽量做到最好？我认为，尽量做到最好就足够了。我宁可自己是个有点混乱、前后不一、奉行不完善甚至过分简单化原则的有道德良心的人，也不愿意自己是个道德冷漠的人。过有道德的生活，就是既非确信，也不冷漠，始终充满迷惑地去探寻。最重要的是首先在道德上认真，并对道德立场的确定性保持怀疑。

世界显然是一个充满道德困惑的地方。比如，在兽医学院的咖啡馆里，我认真思考着要不要吃自己的第一块培根三明治，所以我问这里的肉是不是现场屠宰的。不是。服务员认为它来自英国最大的餐饮供应商布雷克斯（Brakes）。我觉得讽刺的是，这家咖啡馆宣传自己卖的是公平贸易认证的可持续咖啡，公平贸易认证的饼干和蛋糕。它要求来自世界另一端的供应商恪守道德，却不从家门口的屠宰场采购合乎道德的肉。和我们大多数人一样，它表现出了同情心，但不完全、不完美，也并未对其给予足够的审视。

公平贸易

在往返于哥本哈根和斯德哥尔摩之间的火车上，我来到餐车，发现冰沙是我家乡布里斯托尔一家公司制作的，这感觉有点怪。世界真小啊。但我面前的这份水果冰沙，其实讲述了一个世界更小的故事。来自秘鲁的芒果、厄瓜多尔的香蕉、阿根廷的橙子、南非的苹果和巴西的番石榴，所有水果都在原产地挤压、打浆，如有必要，进行冷冻，再运送到鹿特丹。接下来，混合搅拌，装进大桶运到英国，在萨默塞特的布里奇沃特装瓶。再用卡车和船只把它们送到斯堪的纳维亚半岛，最后来到瑞典城际列车的餐车上。表面上标注的布里斯托尔天然饮料公司，其实只有三个人、一间办公室，水果从没到那儿去过。

当代资本主义的全球性质，以及"人在某种意义上制造产品但其实完全不曾制造任何产品"的奇怪形式由此生动体现，但这远远不能表明全球贸易有什么不对，相反，天然饮料公司的例子说明资本主义制度本身一点问题也没有；一切全在于如何运作，该公司的水果冰沙得到了 100% 的公平贸易认证。天然饮料公司没有利用发展中国家的农民为相对富裕的西方人生产廉价饮料，而是支付公平的价钱，包括为种植户提供得体的生活、资助当地学校和卫生项目的社会发展资金。

一切听上去很美，但批评公平贸易的人说，这种做法非但不管用，有时候甚至还有害。其他一些人认可它的功效，认为这只是慈善采购的可选项。我认为它不仅完全可行，而且我们本身也有道义责任去购买公平交易的商品，它包括但不仅限于得到了公平贸易和雨林联盟（Rainforest Alliance）计划认证的产品。

我觉得，上述做法合乎道德的理由很明确，用一个简单的思想实验就可以清晰呈现了。有个你认识的可怜人来你家敲门，说，要是 24 小时内他弄不到 10 英镑去还高利贷，就会被暴打一顿。正好，你家杂草丛生的花园要清理出来种蔬菜。你说："如果你在接下来的 24 小时里帮我挖地，我就给你这笔钱！"这样做在道德上可以接受吗？假设你无须做出重大自我牺牲，就能多付些钱给他，或者减少对他的要求，多给他钱也不会对你造成其他不良后果，那么答案显然是：不可接受。

这么做之所以错得厉害，可以用一个所有人（除了最狂热的自由市场支持者）都能接受的一般性原则来概括：趁人有求于你，要他替自己干活，自己尽量少付钱——这样剥削同胞在道德上是不对的。然而，说到世界贫困地区供应链最底端的工人，以及发达国家的部分低薪岗位，每当购买那些薪资所得不够生活所需，在肮脏甚至危险环境下工作的人制造的食物、衣服或者电器，我们就是在违背这一原则。

现在，让我们把挖地 24 小时换成咖啡种植。过去几十年，咖啡豆的市场价格时不时地跌破生产成本，这意味着农民为满足西方消费者对咖啡的需求而亏本干活。因为绝大多数咖啡是在公开市场交易，制造商只需按市场价格付款，无须考虑这对种植户意味着什么。因此，大宗商品买家（及其消费者）就利用农民的迫切需求，使之接受尽量低的酬劳。哪怕咖啡的价格上涨，买一杯拿铁往往要花上 2 英镑，种植户也还是没钱送孩子去学校。

公平贸易的美德 vs 商业贸易的不道德

各种公平交易计划已经表明，纠正这一点并不需要消费者支付高得离谱的价格。付给工人和农民的合理差价只在零售价里占微不足道的比例，几家完全接受公平贸易认证的主流杂货供应商完全没给消费者增加额外成本，比如一些超市的香蕉、奇巧巧克力、麦提莎（Maltesers）巧克力豆和合作社（Co-operative）茶包。这说明，公平交易不是中产阶级的胡闹，它有时确实会略微抬高价格，但用会恶化其他地方贫困现象的低价让西方人略略受惠，也算不上什么全球团结的象征。一如学者杰夫·安德鲁斯（Geoff Andrews）所说，如果忽视"大众超市提供的廉价产品，是通过剥削发展中国家劳动力所实现"的事实，任何有关财富和阶级的争论都不完整。

应当指出，公平贸易的正式认证，不一定是公平交易的必要条件。公平贸易标签是属于国际公平贸易组织的各国机构（如英国公平贸易基金会、加拿大的公平贸易组织）所颁发的牌照。这是官方发布的生产与交易体系，要求生产商和贸易商接受社会、环境和贸易标准的审核，为生产商和贸易商设定最低价格，并附加社会发展金补贴。

加入这种体系是要花钱的，并不见得适合所有企业；但是，跟没加入的供应商建立良好的关系，确保他们得到体面的价格，也是完全可行的。许多小型专业咖啡烘焙商和茶商都以后一种方式经营。没有外部审核，消费者很难判断企业是否真正在实践自己标榜的理想，这是认证的一项优势。但充分认识到"购买认证产品并非避免剥削立场的唯一途径"同样重要。有很多其他方法可追溯产品的原产地。

按照我刚才的介绍，公平交易之美德和照旧例从商之恶劣似乎很清楚。你甚至会觉得太清楚而显得有点假。显然，不能用它来说明我们每次去购物就是在剥削别人吧？遗憾的是，反对这一指控的论点可以排成长队，却没有一个站得住脚。

首先，有人反驳说，我们"剥削"的人，相对于他们周围的人并不穷。但依照同样的推理，可以说，奴隶制可以接受，因为奴隶的自由并不比其他奴隶少，或者，不必担心市中心的贫民区，因为市中心本来就有很多贫民区。关键是，考虑到我们有能力在无须增加过多成本的前提下提高对他们的偿付，他们不应该那么穷的。

第二个反对理由是，尽管供应链中的部分企业或许是在搞剥削，可他们的罪并不能转嫁给我们。我们并不直接对全球供应链末端的工人付款，他们住在千里之外。这两点差异在心理上有强大的影响，但与道德无关。我用高科技步枪从千里之外杀了一个人，跟我从一米之外的地方拿手枪射穿了他的胸膛并没有太大不同，都是犯罪。犯罪人和受害人之间的地理距离并不重要。间接性也一样。我找使用奴隶工的承包人修房子，和我自己拥有奴隶的罪过是一样大的，一如不管我是买凶杀人还是自己亲手杀人，都同样犯了谋杀罪。

其他一些充满谬论的开脱借口更复杂。《为全球资本主义而辩》（*In Defence of Global Capitalism*）一书作者约翰·诺伯格（Johan Norberg）提出："在典型的发展中国家，如果你为美国跨国企业工作，能挣到 8 倍于平均工资的薪水。这就是为什么人们会排着长队来争取这些职位的原因。"这里其实包含了两个经常搞混的论点：其一，人们从事的工作是自由选择，所以这没什么；其二，一如持自由市场主张的智库"国家政策分析中心"（National Center for Policy Analysis）所指出的，"糟糕的工作总比没有好。"

先来看看自由选择的说辞。"人们自己选择了辛苦的工作，这没什么不对"——这样的想法带给人宽慰。不管是性工作者也好，在血汗工厂干活的人也好，被枪杀的士兵也好，清扫厕所的人也好，你总能对自己说：他们可以不用这么做——这是他们的选择。但"只要出于自愿就没问题"的想法自有缺陷，原因如下。

首先，人们有时被迫选择可怕的事情，是因为实际上别无选择。卖淫就是很好的例子。有一些（说不定还挺多）从事性工作的"黑夜女郎"并非万不得已，而是把它看成一桩挺不错的事业，但有很多时候，女性还是出于绝望才去做妓女的。觉得只要不是出于强迫，卖淫就没问题的男性，显然是上了当。

其次，某人的最佳选择就是去做一件不愉快的事，并不意味着这事挺好——尤其是我们本能够以很少的费用（甚至根本无须费用）为之提供更好的工作的时候。在一些发展中国家的工厂里，管理者拒绝让工人充分休息，不让他们喝水，工厂方面不遵守当地法律、不遵守健康和安全程序——这样的事情很常见，而且类似的例子数也数不完。如果在这些地方工作仍然是当地最好的选择，那又怎么样呢？多付些钱就能消除所有这些困苦，何乐而不为呢？

选择其实总是比自由市场辩护者们设想的要多。例如，露西·马丁内斯-蒙特（Lucy Martinez-Mont）在《华尔街日报》上撰文说："禁止进口儿童制造的产品会消除工作岗位，提高劳动力成本，把工厂从贫困国家赶跑，增加债务。富裕国家这样做是在给第三世界国家添乱，断绝贫苦儿童拥有更美好未来的指望。"确实如此，但我们并不是要在"要么保持现状，要么禁止进口此类产品"当中进行选择，也并非要在"要么是血汗工厂，要么是西方式的薪酬加工作条件"中进行选择。我们要选择的，是给人机会用得体的工作赚取得体的生活，还是强迫他们为了仅仅糊口的收入在恶劣条件下长时间工作。

大部分倡导公平交易的活跃团体都对此十分敏感。比如，"马奎拉团结网络"（Maquila Solidarity Network）就建议"不提倡对童工生产的所有产品进行一揽子抵制"，因为取消惯例，却又不拿出替代方案，对当地想要得到帮助的人是有害的。英国道德贸易联盟（Ethical Trade Initiative）的基本守则禁止"新招募童工"，主张会员企业"制定有助于童工在成年之前始终获得有质量的教育的政策和项目，或参与并促进之"。

问题的关键很简单。恶劣的工作条件或许比什么都没有要强，但并不足以成为支持恶劣工作条件的正当理由。替代途径不是什么都不做，而是让事情变得更好。如果有健康食物可供选择，父母就没法开脱说，喂孩子垃圾食品是因为总比什么也没得吃强了。

用选择抵制剥削

太多批评用公平交易替代剥削的人立足于自由市场思路，这有点令人费解。比如，亚当·斯密研究所（Adam Smith Institute）就坚称："受（公平贸易组织）帮助的农民无须遵守市场条件，有可能让其他人在世界性丰收时削减产量。"《经济学人》杂志也说，公平贸易组织"抬高商品价格"，鼓励生产过剩。

但这些批评往往忽视了一点：公平贸易组织只保证了最低价格而非最低数量，它完全不能成为过剩生产的动力，因为如果农民种得太多，就卖不出去了。事实上，参与公平贸易体系的农民，大概只能通过该体系卖出 30%的作物。现实情况是，公平贸易认证等刺激手段，本身就是精彩的自由市场机制。公平交易的实施方式跟政府津贴不一样，后者是固定全国作物的价格，前者则是消费者的自愿选择，并不违背自由市场经济学，它就跟你自愿多花两毛五分钱在拿铁里加一勺糖一样。为公平贸易认证的咖啡支付社会发展金，不是要扼杀市场，而是依赖市场。公平贸易认证的咖啡价格之所以高，无非是因为消费者希望多出的钱能带来一些好处。持亲市场立场的智库美国经济事务研究所（Institute for Economic Affairs）发表了苏希尔·莫汉（Sushil Mohan）的一份报告："事实上，公平贸易认证完全是在自由市场架构内开辟出了一条特殊的贸易渠道。公平贸易认证产品的市场基本原则、需求、供给和市场竞争力，全都遵循传统的贸易实践。"

公平贸易体系中的产品溢价其实比许多其他形式的溢价更小，更合理。比方说，人们愿意额外付很高的价格购买明星代言的产品，或者带特殊标志的产品，可却没听哪位经济学家抗议说，阿迪达斯 T 恤的价格因为设计师定制计划而"人为保持虚高"。人们愿意付多高的价格，会受公平感和价值感激发。公平的劳动力价格并不完全由市场决定,也部分由社会需求决定——这样的例子很多。就连美国也有最低工资，伦敦现在也有最低生活工资——大伦敦市政当局和所有供应商都必须向员工支付足以维持体面生活的薪水。因此，供需定律不会因为公平交易而扭曲：我们要供应商能够体面地谋生，为此我们付出相应的费用。

一些人认为，促进公平交易是旁枝末节的策略。他们说，发展中世界最需要的，是真正自由的全球市场。只要发达的西方国家取消进口关税、农业补贴和其他扭曲市场的举措，种植咖啡的农民自然就能过上好生活。这种观点存在的问题是,我们面临的难关不在于全球贸易真正自由之后应该怎么做,而是现状之下应该怎么做。如果国境开放,发展中世界的农民们或许会过得更好,可眼下国境并不开放。因此,在现实世界,问题是这样的:既然这是一个压榨供应方的扭曲市场,我们是购买迎合压榨的商品呢,还是购买不迎合此种压榨的商品呢?符合道德立场的答案是显而易见的。自由市场的吹鼓手们如果真的关心道德,应该既为了自由市场鼓与呼,又努力避免现行体系强加的不公正做法。

唯一能得出的合理结论是,我们对待发展中世界供应方的方式,在道德上是耻辱,而且,我们都是同谋。我们的立场,一如在蓄奴社会下对经济的核心构成部分有着道德义愤,哪怕大多数人并不这么看。以 19 世纪的蓄奴制度为例,长久以来,只有极少数人对蓄奴表示愤慨,而绝大多数人都认命地接受蓄奴是日常生活的一部分(所以前者被大家看成是好心的疯子)。随着我们采取措施减少其他不公(如种族主义和歧视女性),人们总会逐渐意识到,没有理由不给予发展中世界的工人跟其他人一样的平等待遇。与奴隶制、种族主义和性别歧视一样,只要详加推敲,许多"常识性"开脱之辞就会分崩离析。

面对这样的指控——它竟然说我们"明显不公"——我们的反应很可能会跟奴隶主一样。受害者离我们很远,又只是间接受我们的冷漠所害,说我们涉嫌歧视似乎太不可思议。由于现状显得很自然,并没有太多人觉得有什么不对,我们便劝说自己:像你我这样体面的好人,怎么会利用制度做坏事呢?一定是假的。因此,我们得出结论:绝无可能。但这种逻辑的顺序出了错。它先推断我们必然无罪,再往前倒推,认为要解决的是让我们产生愧疚的情由。

祖先的罪总是再明显不过,我们同时代的罪恶却难以辨别。习以为常磨光了恶事的棱角。不管是什么样的道德恶行，总会有某些时代的某些人习惯它，认为它挺正常。奴隶主并不都是道德怪物。跟他们同时代的人，还有他们本人，都觉得自己又体面又有良心，比如美国第一任总统乔治·华盛顿。英国到 1833 年才废除奴隶制，1928 年才将投票权赋予女性，20 世纪 60 年代末才普遍认为种族歧视不可接受。自认为是人类历史上头一代不为社会不公蒙蔽双眼的人——这在道德上看未免太清高、太傲慢了。

即便是最伟大的哲学家也会跟其他所有人一样盲目。休谟曾写过一段叫后人脸红的注脚："我倾向于怀疑，黑人，以及整体而言其他种族的人（共有四五个种族），天生就不如白人。"亚里士多德认为："男性优而女性劣；前者治人，后者治于人。这一必要原则，适用于全人类。"

每当扪心自问什么是道德上的大恶，我们往往回顾历史，放眼海外，但一如笛卡尔所说："人要是花太多时间旅行的话，就会变成自己祖国的陌生人；人要是太沉浸于过去之事的话，就会对自己所生活的时代相当无知。"他说得对。全球不公正的粮食供应之所以能够延续，是因为人有心理盲点，而不是因为它在道德上正当。我从不认为自己能独善其身。我充满热情地宣传这一观点，并在一定程度上调整个人行为，但我不可能核查所买每一件衣服、每一种食品的来源出处。有这样的心理盲点很正常，但它仅仅是解释，不能当借口。我们必须意识到，新一轮食物复兴推崇的可口拼盘，有可能是受压迫劳动者肩膀上不堪负荷的沉重负担。如果我们相信追求正义是一种美德，那么，就不应该对光靠选择就能抵抗的错误方式视而不见。

07

大即是无良？

　　"美食家"（foodies）——本是个嘲笑过分热切的食物爱好者的词，1982年由保罗·利维（Paul Levy）和安·巴尔（Ann Barr）首创——热情起来带有一种可笑的宗教感。准备仪式必须由祭司严肃执礼；要以圣洁的崇敬之情对待食材；好吃的一顿饭，被描述得像是一场灵性之旅；从不放过对不信奉的人传教的机会；他们的"圣经"，是已封圣的人写出来的一整套神圣食谱；有特别正统的门派，就跟教会一样，不管什么时候都十分严谨地对待信条——当然信条本身会随时代有所变化。

　　其实无非是有点可笑而已，一如狂热地相信制作蛋黄酱只有唯一一种正确方式。但在某个方面，许多"美食家"的宗教热情有害无益：他们认为世界只有两极，不是好，就是坏；不是正义，就是该死；不是纯粹，就是堕落。稍微带点脑子的人想必都同意，世界并非黑白两色，道德之所以难以抉择，正是因为有着深浅不一的各种灰色地带。不过，有些道理，我们动动脑子能想明白，动起手来就忘个精光——生活在一个只有英雄和恶棍的世界里，比接受人人都有恶也有善要容易得多。

目前，围绕食物最常见也最不动脑筋的道德指引是：独立的本地小商店和餐馆好，连锁店坏。某些跨国品牌变得相当"不洁"，在不少人看来，大嚼着麦当劳薯条、喝星巴克咖啡的罪人，简直需要忏悔、认罪和净化。如果独立店和连锁店其他各方面条件都相同，我们确实应该优先选择前者，这么做的原因很多也很充分，但这种一般性的偏好不应该成为绝对性的原则。

跨国大企业 ≠ 万恶资本家

一些被妖魔化得最厉害的企业，从企业社会责任感的角度看，其实非常优秀。麦当劳就是一个有趣个案。它是最受反资本主义抗议青睐的靶子，抗议者谴责它做种种邪恶之事，上至破坏亚马孙雨林，下至让所有人都变成胖子。这种妖魔化在好玩但荒谬的纪录片《超码的我》（*Super Size Me*）里达到了顶峰。片中，和蔼可亲又富有魅力的该片导演摩根·斯普尔洛克（Morgan Spurlock）连吃了一个月的麦当劳，不管饿不饿，都狠吃"超大号"套餐，"示范"它提供的食物是多么不健康。这样的实验除了"愚蠢"之外没别的词好形容。你连吃一个月的奶酪，只要奶酪店问你"还需要点什么"，你就一概继续要奶酪，吃得渣都不剩，别的什么也不吃，照样能达到同样的效果。如果你这样做，一个月之后，你的体形会比斯普尔洛克更糟糕，但这并不能证明奶酪店强迫轻信又馋嘴的公众吃糖分盐分过量、不健康的饱和脂肪。食物本身对人无害，有害的是饮食习惯，任何只提供有限营养成分（包括脂肪）的饮食习惯，都不大好。

实际上，很多时候，英国麦当劳的表现相当不错。比方说，它在动物福利方面的表现好得出奇。它已经得了三届英国皇家防止虐待动物协会（Royal Society for the Prevention of Cruelty to Animals，简称 RSPCA）优秀企业奖，以及世界农场动物福利协会的"好蛋奖"（Good Egg Award），因为多年来，麦当劳产品使用的所有鸡蛋都来自散养鸡。它为动物福利研究提供资助，并随时跟进研究进展，所以也才有了针对产蛋鸡的"养殖丰富化项目"。世界农场动物福利协会的菲利普·林伯里告诉我，麦当劳"在动物福利方面的信用极佳，和商业街上其他的蛋制品相比，推荐别人买麦当劳的蛋制品，比如鸡蛋松饼，我更有信心"。

拿这跟你觉得高贵的油腻小餐馆比比看。没有几家小餐馆会尽力采购超过法定最低福利标准的鸡蛋、肉类和乳制品。也没有几家小咖啡店像麦当劳那样只使用通过了雨林联盟认证的咖啡豆或有机牛奶来制作茶和咖啡。更重要的是，这类小企业雇用的不少员工，在薪水和工作条件上，都达不到被人蔑称为"麦工作"（McJob，指薪水微薄的兼职临时工）的水平。我的第一份工作是 14 岁时在一家山寨麦当劳小吃店当非法劳工，当班 6 个小时，只能休息 10 分钟，还不提供员工餐。我的时薪是 99 便士，已经比一些同行好不少了——在另一些本地独立餐馆做洗碗工的薪水是这个数的一半。相比之下，《星期日泰晤士报》评选的"2012 年最值得效力大企业"，麦当劳排进了前 10 名。

这当然不是说我们应该冲出家门大吃巨无霸。我希望在吃牛肉之前，出台更好的牛群福利标准；即便如此，除非各种碳水化合物、蛋白质和脂肪都合乎规范，美味得让人欲罢不能，否则我不会大吃特吃。我的意思是，在竞争对手们糟得多的前提下，单独把一家公司挑出来当成贱民的做法未免有点傻气。

由于人们对麦当劳太过吹毛求疵，每次它有点小毛病（有时是真的，有时则是人们幻想出来的），都对它口诛笔伐，麦当劳自己也变得有点神经质了。我用了好几个月联系采访英国麦当劳高层管理团队的一位成员，最终获准之后，对方要我答应：采访内容只能用于本书，不得用于任何新闻刊物。"你跟任何人的谈话，只要提及'麦当劳'的名字，都会产生连锁影响。"企业事务高级副总裁尼克·欣德尔（Nick Hindle）说。"你说的事情，哪怕换成其他企业或品牌是件好事，可只要主角是麦当劳，最终都会变成报纸上的负面头条，别吃惊。"他对自己公关团队的新成员这么说。"如你所知，这让麦当劳不得不实行一定的控制和纪律。问题在于，这让我们过去畏手畏脚，什么也不敢做，只想着高度戒备，未雨绸缪，其实反倒酿成了灾难。"

麦当劳现在也并非完全放下了戒心。我去了他们位于伦敦奥林匹克公园的巨大餐厅，要不是空气里飘荡着一股亲切又熟悉的甜咸热植物油味（麦当劳许多餐点的味道，如今几乎已经融入寻常百姓的集体记忆了），很容易误以为这是哪家热爱环保的斯堪的纳维亚设计公司的总部呢。它不光实现了物流上的壮举，每小时能为上千名顾客提供服务，还设法修筑了一栋赛事结束后可完全回收的大型建筑，把快餐行业的可持续可回收循环做到了极致。不过，奥运会结束后，麦当劳并未公布自己总共为多少名顾客提供了服务，因为他们知道，公布这一数字，会招来"赚取暴利"的指责，好像要是其他人获得奥运公园特许餐饮经营权就会大搞慈善事业、尽爱国义务似的。

超市的真相

尽管几乎人人都要去超市买东西，它却是正义美食家批判的另一对象。论点一直是这样：人们不希望全国性连锁店排挤掉本地独立商人，每一条商业街都变成别无二致的克隆品。我完全支持这样的愿望，但如果本地人真的不想要超市，大多数时候都可以选择不到超市购物。比方说，我家附近的"好食公司"（Better Food Company），就是那种"拜食物教"会献上祝福的本地食品店。很多蔬菜和水果都来自邻近的社区农场；其余大部分是有机品，或是按照高环境或福利标准种植的作物；许多从发展中国家进口的商品都有公平贸易认证；面包是本地面包商烤的；等等。收银台上摆着反对隔壁两家连锁超市的请愿书，但等这两家店真的开张那一天，许多签了名的顾客却用脚投票了。尽管按人口状况看本地区理应支持本地小商户（因为这里的报摊上摆着厚厚几大摞的《卫报》，说明本区有大量自由派人士），但门口排着购物长队的，不是"好食"，而是塞恩斯伯里本地连锁店（Sainsbury's Local）和特易购城市店（Tesco Metro）。

原因很明显。首先，本地独立店价格昂贵。这主要是因为，典型的英国人的购物篮里装的大多数商品，质量都比较低，或是道德标准比较低。所以，在"好食"，买不到1.45英镑一大包的大规模生产的沃伯顿斯（Warburtons）切片白面包，只能用2.45英镑买霍布斯面包店烘焙的面包。3.29英镑一罐的"厨房菜园"果酱（Kitchen Garden Three Fruits）可能会让你望而却步，因为你平常买的罗伯逊金果碎（Robertson's Golden Shred）分量比它大，价格却低得多，只要1.35英镑；当然，前者每百克含34克水果成分，后者每百克只含20克。只有在极少数能够进行精确的一对一比较的情况下，"好食"的商品才更便宜。然而，日常食品的价格标杆是主流品牌设定的，哪怕负担得起在"好食"购物的人，也觉得它太贵太奢侈了。诚然，很多小菜贩、小屠户跟超市展开激烈的竞争，但人们往往时间宝贵，大多数都偏爱方便的一站式购物。

当然，有一种说法是，工业食品世界的廉价和高效不可持续。经济学家说，食品的真实成本被"外在化"（externalised）了：传给了后代，传给了收入过低的农民和农业工人。效率低下、保护主义的农业补贴，也人为降低了农产品价格。可持续、公平生产的粮食看起来贵，是因为我们平常习惯的价格，并不能反映养活自己的真实成本。

这种看法有一定的道理，但人们很容易觉得完整的回答就是这样。大规模生产和流通的效率，并不都是以牺牲生产者和地球为代价换来的。超市一次次地表明，它们能够用更便宜的价格把原本优质的产品推向市场。公平贸易是一个很明显的例子。一根经公平贸易认证的香蕉，在塞恩斯伯里本地连锁店售价 18 便士，在"好食"的价格则几乎翻倍。超市贩卖的 5 种畅销主流巧克力有 3 种（奇巧、吉百利和麦提）经过公平贸易认证，但价格并未出现明显上涨。英国本土超市"合作社"的所有进口冬蓝莓，都从经公平贸易认证的生产商处采购，但价格跟竞争对手一样。

对超市的这些抱怨变得太过自然，人们经常忘了它们带来了多么明显的好处。超市有着精确的送货和库存控制系统，不管你想要买什么，它都有更大的可能性完好无损地出现在门店的货架上。超市的庞大规模意味着它们把利润空间挤压到了营业额的 2%~6%，比英国大多数的主要零售商都要低。独立商店没办法以如此之低的回报率负担成本。人们还经常批评超市对食物包装过度（很多时候也批评得对），但它延长了食物的保鲜期，减少了运输过程中的损坏，从而也就减少了浪费。如果你经营一家小杂货店，你只能照单接受批发商的供货；但如果你是一家大超市，接受全国公众的监督，你必须更加努力地寻找食物的产地。同样地，较之只有一两名员工的小企业，大型超市的员工队伍庞大，员工正当的权利就更容易得到尊重。

尽管如此，仍有许多人认为，不管把超市管教、驯服得多么好，它们始终是贪婪的野兽，没有超市，我们会过得更好。对经常要判断是否跟大型跨国企业合作的机构来说，这一点最令他们担心。例如，"无与伦比的美味托德莫登"组织活动宣传本地生产商、零售商和餐饮业，在小镇上安排小块种植点让志愿者照料，出产的作物供人免费取用。莫里森超市也想参加，这让主办方左右为难：超市让人们抛弃了独立商店，应该支持它们、接受来自它们的帮助吗？本着坚守原则的实用态度，主办方接受了一些没有附带条件的资金，支持了大量地方项目，但又决定不在超市里设展示地方特产的宣传货架——该组织认为，尽管这么做或许能让更多人接触到本地商品，却也会让人们产生误解：只要到全国连锁超市去就能支持地方粮食经济了。让更多人走入超市、远离商店街的事情，都有违主办方的初衷。

面对类似的困境，英国慢食运动选择了另一条道路，在北部的布斯（Booths）超市推出了"慢食道"专柜。结果，大量已濒临消亡的传统食品，如里茨谷李子果冻（Lyth Valley damson jelly，一种英式果酱）、坎伯兰朗姆酒尼基（Cumberland rum Nicky，一种糕点）、马恩岛熏鱼、莫克姆湾盆栽虾和未经巴氏消毒的温斯利代尔奶酪（Wensleydale cheese），出现在了原本听都没听说过它们的消费者面前。英国慢食运动的负责人凯瑟琳·加佐利说："底线是，这些家伙有很强的势力，你不能视若无睹。"在这个例子里，慢食运动相信，小生产户所得的收益大于小零售商的损失。它帮助布斯超市（至今仍为家族经营，并非大型连锁店，信奉许多相同的价值观）成为了更出色的独立商家。

有时候，投入方向正确的大型企业，似乎带来了双赢局面。以公平贸易认证为例。始终有人无法接受奇巧巧克力是有公平贸易认证的，因为它是雀巢公司的产品，而雀巢公司多年来受到消费者的抵制，它在发展中国家销售婴幼儿配方奶粉的实践很有问题。就我所见，想让强硬的抵制者改变心意，相信公司并不邪恶，雀巢能做的都做了。不管怎么说，奇巧获得公平贸易认证，意味着数百万在售的巧克力棒，给世界各地的可可和食糖生产商造了福。大多数购买公平贸易认证产品的顾客，也会购买其他更合乎道德的产品。因此，奇巧巧克力通过认证，并不会让顾客远离其他更合乎道德的替代品，反而扩大了公平贸易认证商品的市场份额。

世界农场动物福利协会愿意与各种规模的企业紧密合作，菲利普·林伯里对此问心无愧："事实是，循序渐进的变化总是一点点发生的。我们希望公司在循序渐进的基础上，做出深远的政策改变，并为此得到鼓励，为此感觉良好，为此获得保证：下一步会跟现在一样好，再下一步也一样。"

"大卫和歌利亚的故事，是遭到最多误解的。人人都想成为大卫，因为这很浪漫，但这个故事之所以广为流传，留给人深刻的印象，是因为99.9%的情况下，大卫都会输。我们是动物福利和更好食物的代表，我们输不起。所以，我们不能做带着光环却很可能输掉的大卫，而是希望跟歌利亚并肩前进。"①

消费引领市场

我基本上同意，改变市场运作方式、让它反映我们对食物更高价值观的可行度，被大大低估了。在新自由主义者看来，市场全能、全知、全善，永远知道价格是多少，永远能够摧毁"压制价格"的企图，最终能够为一切设定出公平的价格。在批评者看来，市场无情，一味追求利润最大化，践踏任何其他考量，更不顾及人类的福祉。这两方面的意见都有错，因为它们都认为市场就像是有自己意志的独立实体一般，所有的市场面对供需都有着同样的反应。归根结底，需求是由我们自己说了算的。有一些需求会表现为顺应民意的政策调控，而大部分的需求仅仅来自人们的购买选择。如果消费者

① 《圣经》故事，大卫是牧羊人，歌利亚是巨人，大卫用投石器巧妙地战胜了歌利亚，现多引申为以弱胜强。——译者注

要尽量买最便宜的鸡蛋，市场就会带来最便宜的鸡蛋，谁管什么母鸡的福利。如果消费者要的是散养鸡蛋，市场也会提供。沃尔玛的乳制品主力采购员托尼·艾罗索（Tony Airoso）在纪录片《食品公司》（*Food Inc.*）里说："其实，支持有机或者其他诸如此类的东西容易，只要消费者想要就行了。我们会看到消费者的需求，并根据它做出反应。所以，只要消费者明确地想要，市场跟着这股需求而动，推动并尽量促成，就真的很容易了。"

麦当劳很好地说明了消费者需求何以成为真正的关键。尼克·欣德尔告诉我："我们的改变，主要以消费者的需求和兴趣为动力，我们对他们将来想要什么、更想要什么进行判断。"请注意，期待元素是怎么出现在此处的：一家灵活的企业会借助风向，顺时而动，而不是被阵风夷为平地。由于信誉非常重要，有可能，不管麦当劳推动什么样的变化，活跃分子们都不会在那里吃东西。不管怎么样，欣德尔说，信誉"不是我们唯一的驱动力"，除非批评带来了足够的实际销售量，否则，公司无法光靠批评做出改变。

在实践中，这意味着改变是在那些愿意买单的人的帮助下实现的。这就是为什么麦当劳一直很乐意改而使用经过海洋管理委员会认证的鱼，在茶、咖啡、开心乐园套餐和粥里使用有机牛奶。但欣德尔告诉我，公司"不打算花更多钱改用散养鸡，因为销售量不会为此大幅上扬——我们做过研究，所以我知道会是这样"。原因是，英国消费者喜欢吃鸡胸脯肉，而唯一能让散养鸡胸脯肉价格可接受的办法，就是以较高的价格卖出鸡的其余部分，可市场上并无此类需求。同样，麦当劳认为在奶昔和冰激凌里使用有机牛奶没有意义，因为其他成分不见得总是有机的（尤其是一些使用品牌巧克力棒的临时促销产品线），所以麦当劳没办法打着有机旗号来销售奶昔和冰激凌，这么做得不到附加价值。

确实有一些企业哪怕没有消费者的需求也选择了提高道德标准，但一般而言，企业根据消费者想要什么来做出反应。所以，如果我们买到的是密集养殖的牛肉，那是因为我们不愿意为牧草饲养的牛肉支付额外的高价。如果我们愿意，企业自然会顺从我们的心意。

凡是有心保持客观态度的人都看得出来，有些连锁店的表现，比大多数独立店更合乎道德。三明治店 Pret A Manger 为无家可归者提供学徒培训计划，该公司说："我们不介意学徒是否睡在大街上，不介意他们是否有过犯罪记录——我们把这一切放到一边，让他们以干净的白板状态开始。"它每周还为伦敦的无家可归者提供 12 000 多套新鲜餐点。餐馆兼熟食连锁店卡鲁乔（Carluccio）获英国餐馆可持续发展协会（Sustainable Restaurant Association）的一星评级，这可不是那种加入协会就自动升级的评级。英国有机花卉超市维特罗斯（Waitrose）让员工分享利润。

你也许认为这些都是例外的个案，并坚持认为，普遍来看，企业越是人性化，所有者、管理者、员工、供应商和客户之间的关系就越好。从总体趋势上看，可能的确如此。比方说，《环境心理学期刊》（*Journal of Environmental Psychology*）发表过一项著名研究，对比了农贸市场和超市，发现"两种环境下都存在数量接近的客套对话，但农贸市场上的谈话更具社交意味，信息更丰富"。话虽如此，总有很多人经常跟莫里森超市的收银员聊天，而懒得搭理你的糖果小店店主也不少。

盲目以规模来区分道德与否带来的另一个问题是，最强大的改变动力，不是受意识推动的个别顾客，而是大型跨国企业，也即林伯里所说的"超级顾客"。"它们承诺要使用散养鸡蛋，保证了高福利产品的市场。这样一来，就让大量小型家庭生产户以更好的方式过上了体面的生活。"

很多人都不想面对食品供应链里存在的模糊地带，但碰到它们的机会很多，我们也很容易把深浅不一的灰色看成一团毫无区别的混沌体。道德的模糊性和自由放任的相对主义不是一回事，复杂也不一定会让人对艰难选择望而却步，耸肩咋舌。如果其他条件都相同，我们有很充分的理由支持小企业，因为它们带来了多样性，也因为优秀的小企业确实能以最人性化的方式促成商业交易。但其他条件相同的时候很少，所以光是"在本地商店购物"和"支持独立店"还不够。你需要找出优秀的商店，如果连锁店更好，你也要愿意拜访。在餐饮和零售的世界里，只有那些把我们捆绑在非好即坏的观点里的连锁店，才是有必要回避的。

懂得欣赏食物道德的模糊与复杂，对"敢于求知"这部分的内容，是很适合的结束语。要大胆追求真理，因为真理意味着发现我们自己过去坚守的常识有多么脆弱。我们珍视的许多吃住观念，都远远不是什么正确的硬道理，我们应该乐于时时检讨、修订。做正确的事有可能像是在走钢丝，但如果替代的做法要么不值一试，要么叫人彻底堕落，我们能做的，就无非是努力维持道德平衡罢了。

第二部分

烹饪

P r e p a r i n g

一顿饭开始得可远比下第一筷子早。

撕掉食谱

1998 年，明星大厨迪莉娅·史密斯（Delia Smith）在自己的电视系列节目和配套菜谱里示范如何煮鸡蛋，成为英国现代文化史上的一场标志性事件。"我绝不相信大多数人不会煮鸡蛋，"大厨的一个同行加里·罗德斯（Gary Rhodes）抱怨说——由此引发了全国性大辩论，"这是在侮辱他们的智商。"

但毫无疑问，发达国家里知道如何做基本饭菜的人确实越来越少。就连我们认为拥有丰富饮食文化的国家也不例外。我的意大利叔叔婶婶说，跟我同一代的女性都不经常做饭了，原因倒不是丈夫和伴侣分担了她们的责任，而是速食食品、冷冻食品在意大利卖得火热，就跟在英国和美国一样。

看起来很明显，解决这个问题的办法应该是重新教会人们做饭。为难的是，人们以为这就是拿食谱出来。采用这种方法的例子是杰米·奥利弗（Jamie Oliver），2008年，他建立了"杰米美食部"（Ministry of Food），从盒装冷冻快餐和外卖店手里拯救了北部小镇罗瑟勒姆（Rotherham）。这是一种金字塔式烹饪传销计划，先教一小群急先锋简单的食谱，再鼓励他们把食谱教给其他人，其他人再教给其他更多的人，直到健康食物的潮流席卷整个小镇。可惜，问题的症结不在于此。

在我看来，问题的核心在于食谱这个概念本身。跟我叔叔婶婶一类的人聊聊天，问他们是怎么从自己母亲那儿学会做饭的，他们可不会提到什么食谱。我的意大利祖母，跟她那一代人一样，连秤都不怎么用。一位婶婶说，人是靠观察和倾听来学习的。比如我婶婶的土豆团子"食谱"，把土豆捣成泥，加入一两个鸡蛋的蛋液，混入面粉，揉匀成团，是否够"匀"，她靠经验来判断。食谱是这种判断力的蹩脚替代品，因为不同品种的土豆，或者收获时间、烹饪时间不同的同一种土豆，吸收液体的能力有高下之分，所以面粉的用量并无定数（这也是为什么我的爱尔兰土豆饼配方老是弄不对的原因）。

故此，食谱就是问题的根源，照本宣科就是判断之死。一旦确定了一成不变的指示，就减少了厨师自己做决定的需求，从而也就削弱了他的技能。依靠书面的东西，而不依靠自己所见、所嗅和所尝，你就丧失了对厨房的指挥权。所以，阅读和书写对烹调来说不是好事——文字素养的崛起，致使烹饪素养的衰落。

人们不会做饭的原因，不在于没有食谱，而在于食谱太多。他们太依赖别人给自己下达的指令了。如果我们希望恢复从前家庭日常烹饪的艺术，这就是需要解决的问题。并非说食谱完全没作用，应当把它们看成愚昧者的拐杖，轻蔑地抛弃它们。作家朱利安·巴恩斯（Julian Barnes）讨厌有些人总爱带着"优越感"说"哦，我不看食谱的"，或者"食谱嘛，我也看看，但主要是为了寻找灵感"。他讨厌得有理。这往往只是一个懒惰的借口，"以最蹩脚、最自我吹嘘的方式表现'创意'。"

实践智慧的丧失

我们需要做的是鼓励人们对食物培养起感觉来，不管用不用食谱都好。盘子里应该用多少瓣大蒜？这要看你有多喜欢大蒜。炒菜用什么食材最好？比例如何？这要看你怎么想，以及你手边有些什么东西。菜品的哪一种做法更好，没有天庭下达的谕旨。

人们总觉得，这种即兴的烹饪态度，只有做菜有天赋、有才华的人才配得上。和爵士乐一样，人们相信，你先要学好音阶，把流程死记硬背下来，之后才能自由演奏。这种比较既对也不对。对的地方是，确实需要掌握良好的烹饪基本知识。错的地方是，它以为基本的知识必须是机械的，就像练琶音（即快速弹出若干和弦）似的。比方说，在我们意大利家庭，相当于学音阶的阶段是，学习如何制作经典核心菜式：烩饭、通心粉、肉酱和意面。但这从来都不是只遵循一连串的规定指令就行的。从一开始，它就要求通过观察，判断怎样做才对（获取他人的经验），接着进行实践，构建自己的经验。

这种做法很难再现的一个原因是，我们不再有一套全国或者地区性的核心菜式。人们不再希望总吃种类有限的永恒经典菜式，而是想要做电视上各种名厨们大谈特谈的最新花样，奈吉拉、奈杰尔们[①]介绍的那些东西。人们迫切想要的是新颖、尝试，对简单、永恒的菜品没有给予足够的重视。所以，我们忽视培养自己的良好判断，交由他人来帮我们判断。

---

① 奈吉拉，Nigella Lawson，英国美食作家、记者和电视节目主持人；奈杰尔，Nigel Slater，英国国宝级名厨。——译者注

这就跟一个普遍的问题联系起来：亚里士多德所说的"实践智慧"走向了衰落。现代世界为了追求透明性和一致性，逐渐用成文规则代替了个人判断。谁能加入俱乐部，谁应该得到聘用，规则的执行力度要有多大等事务，不得再靠自由裁量权来决定。规则成了铁板一块，盲目套用到各种事情上。这看起来公平，但把做出良好决策一贯必要的个人判断元素给抹杀了。

心理学家巴里·施瓦茨（Barry Schwartz）和肯尼思·夏普（Kenneth Sharpe）认为，实践智慧的丧失，将给社会带来各种负面结果，因为我们会更依赖"规则和激励""大棒和胡萝卜"来确保事情做得"正确"。在银行、医疗、教育甚至出版等创意产业，我们都不再依赖专家的经验，而是依靠电子表格、清单和正式流程。可我们现在发现，"用规则代替智慧行不通。"

这种方法的效应会一路朝着食物链往下传。出于可理解的原因，现代西方社会坚持生产必须符合一定标准。但一旦将规则汇编成文，判断和决断就慢慢因为忽视而消亡了。更糟糕的是，人们做事不再是为了达成预期结果，而是为了遵守规则而遵守规则，认为遵守规则是必须要履行的义务，或者必须要攻克的难关。这意味着，哪怕最用心良苦的规则事实上也会助长不良实践。举个例子，餐馆老板亨利·丁布尔比说："肉类的麻烦在于，畜牧业太复杂了，如果你设定规则，总会有些混蛋在规则范围内采用最廉价的方式去做，最终必然造成问题。"

我采访的餐馆老板和农民一次次地告诉我，他们总是根据信任，而不是合同规定来建立合作关系。这完全合乎情理：规则总有扭曲空间，你不可能把所有时间都用来监督规则的执行。建立良好而稳固的关系，信任是唯一可持续的基础，它要求你放弃控制的幻觉，让你信任的人自行其是。这么做，不光是信任他们的善意，也是信任他们的判断。因此，不再尊重判断，也跟信任的衰落有关系。

简单且无穷变的料理

在厨房里，判断的经典范例是一种可以称为"简单但变化无穷"（简称"无穷变"）的菜品。它们的特征是，做出一盘好菜，无须更多的信息或指示，但需要某种诀窍。每一种文化都有它们的身影。在印度，似乎是小扁豆酱（dal）。千万别在印度人面前说扁豆是一种乏味的普通食物，免得冒犯别人。他们可能会献上扁豆的赞美诗，让你见识见识烹饪它的千百种花样。和所有"无穷变"菜品一样，做菜人总会告诉你，谁也不如自己妈妈做得好。

意大利似乎比大多数国家有更多的无穷变菜品。蔬菜浓汤和通心粉汤当然够格，根据地区和家族口味的不同，人们会放入不同的蔬菜和香草。每一位厨娘还有她自己的肉酱配方——基础款的特色意大利面酱从来没人会吃厌。在英国，无穷变菜品非烤肉莫属。还是那句话，从理论上说，烤肉、煮胡萝卜的方法只有区区几种，但总体效果各家不同，对大多数人而言，菜做得最好吃的，还是自己的妈妈。

人迷上无穷变菜品的原因是，尽管它简单、完美，似乎唾手可得，但却总是做不到。这就是为什么鹰嘴豆泥成了我的心头之"爱"。它不是我最喜欢的食物，也不是我吃得最多的食物。只不过，完美的鹰嘴豆泥怪得有些难以捉摸。我找到的最接近"完美"的鹰嘴豆泥，其实是伦敦很容易买到的一种品牌，在我过去住的格林莱恩区（Green Lanes）塞浦路斯小店里特别多。"耶福斯"（Yefsis）牌豆泥很美味：平滑，好吃。它跟我以前从超市买的豆泥有什么不同呢？看了看成分，我敢肯定，就是鹰嘴豆、芝麻酱、橄榄油、柠檬汁、大蒜和盐而已，顺序我也是照搬的。我发现其中芝麻酱成分不少。等回家看了看超市买的豆泥，我惊讶地发现，超市豆泥的第二大成分竟然是植物油，难怪味道不够好了。更奇怪的是，"低脂"版豆泥的第二大成分反而是芝麻酱。也就是说，所谓的低脂版配方更正宗，而标准版超市豆泥其实是增加了脂肪的"私生子"，添了不少廉价植物油。从此，豆泥就成了我唯一会选购低脂版的产品。

鹰嘴豆泥本质上只有 5 种成分：鹰嘴豆、芝麻酱、柠檬汁、大蒜和盐。但不光配方比例可以有所变化，不同的文化和不同的厨师还能以此为基础自由发挥，添加香料、橄榄油，或者其他少见的额外成分。因此，搬离了有"耶福斯"贩售的地区之后，我开始自己做豆泥。我必须说，我做得挺不错，但它永远不会成为终极版豆泥，因为每次做出来的味道都不一样。我可以精心测量，把配方标准化，但我认为这有违传统质朴烹饪真正的精神。所以，我的柠檬汁不是加太多就是加太少，不是太酸就是太苦，大蒜多多少少都有些刺鼻，芝麻酱也总是随意地挖上一大勺。我不再努力消除不一致的地方，而是顺着它走，每次做出来，我都知道，我不可能做到次次吃起来同一个味道。我想，这就是继承来的"无穷变"菜品跟原生"无穷变"之间的区别吧。妈妈——永远是妈妈——做着扁豆酱、蔬菜浓汤和麦片粥，每回都能拿出惊人一致的味道，其他人不管多么仔细地观察，都没法仿效。

故此，一碗平凡的鹰嘴豆泥时刻提醒着我：简单的东西并不总是容易，复杂的东西并不总是纠结，人生的乐趣不见得总是特异的、不寻常的，而有常见的、熟悉的、日常的喜悦。豆泥，同样也证明了烹饪中判断的作用。

我们需要一种新的食谱，用更宽松的建议做法取代指令规定。有一点不妨记住："食谱"（recipe）这个词，来自拉丁语动词"recipere"，意思是"拿"，跟简单仿效或被动接受不一样。比烹饪手册更重要的是，全面地复兴并尊重判断的艺术。科学的巨大成功或许令我们乐于认为，精确量化的方法是一切美好理性探讨的模板。但人们如今也日渐接受，哪怕科学也不能没有判断。虽说结果最终必须以铁一般的事实为基础，研究却经常根据直觉和预感来展开。

良好的判断或实践智慧，不同于单纯的"意见"甚至"偏见"，因为它服从证据，并寻找理由。与此同时，它也理解，在许多领域，事实和证据并不能解决问题。因此，判断就是要填补知识及其根基之间不可避免的沟壑；它本身不是要创造沟壑，也并不妄想弥合沟壑。

有些人认为这个想法很有吸引力，在某种意义上也显而易见——不是所有的东西都能合乎科学、合乎逻辑、合乎证据地确立起来，判断必然要在其间发挥作用。也有许多人觉得它太含混了，允许判断存在，似乎就是打开了种种不合理、非理性断言的大门。这种担忧可以理解，但我们的应对方法不是关上判断的大门，而是在入口加强戒备，尽量不让不可取的元素乔装潜入。本书尝试应用实践智慧的章节，表明判断是理性的一种形式，它接受模糊和不精确，正是因为意识到人生中许多最重要的东西，不能精确指定、量化、测量或以其他方式"锁定"，厨房内外都是如此。

09
传统的真谛

几乎每一种传统背后都藏着一个神话,而所有的传统背后藏着神话里最大的神话:人们一直这么做,自远古以来就这么做,或者至少从部落的时候就这么做。可惜,美食总在不断发展,对食物而言,"永远"的意思不过是"记忆所及",而这大多并不太久远。但神话始终存在,因为它是崇拜古法、忠于永恒传统的菜肴和食谱的根本。

摧毁这种幻觉最简单又最快捷的办法,是把"传统食材"罗列出来,看看有多少是相对新进入国家美食行列的。意大利有很多此类例子。西红柿是现代意大利菜的核心食材,但直到1492年发现新大陆,它们才在意大利出现,到19世纪中叶才普及开来。面食的历史确实很悠久,早在马可·波罗之前就存在了,但直到第二次世界大战结束,才成为国民主食,而且那时候,意大利面做得很软,不像现在这样有嚼劲。西红柿到来之前,意大利面的配菜是奶酪、糖和香料。至于香醋，我们家从来就没见过它是什么样的——这样的家庭可不是少数。

食材如此，菜肴亦然。"要是有人说'不够传统'，这句话才叫随时都惹人争议呢。"乔治·洛卡泰利（Giorgio Locatelli）在他的伦敦餐厅里告诉我。当时，我刚吃完一顿绝妙的午餐，根本不在乎它传不传统。"意大利的情况比别的地方更麻烦，因为编撰食谱的时候，大部分的菜品早已散布在整个意大利了，人人都有自己的一番阐释。"这个村子里的汤跟那个村子里的汤，说不定只差一味鼠尾草，可对当地人来说，这就是关键。

传统不见得总是好东西

不过，与其单纯地揭穿"没你想得那么古老"，更有趣的做法是找出传统是怎么构建的。威士忌就是一个有着丰富内容的案例。不管你拜访苏格兰的哪家酒厂，人们都会告诉你，藏酒用的橡木桶决定了七八成的香味，而如今的橡木桶，大多是美国进口的波旁酒桶。在西班牙雪莉酒桶成熟的酒更甜，酒味更重。哪怕不是内行，同时尝尝两种酒的口感，你也喝得出它们的区别。那么，你大概会想，酒桶的选择反映了几百年来积累的智慧，哪一种最适合当地威士忌的独有特色，一定是通过反复试验而得的。

真相却简单朴素。从前，苏格兰威士忌几乎全是用欧洲橡树制成的雪莉酒桶储藏。拿破仑为建造军舰增加橡树种植，限定木材砍伐树龄，大大提高了木材的供应量，自此以后，雪莉酒桶就成了各地雪莉酒、波尔特酒和马德拉白葡萄酒酿造商的首选。橡木桶盛装的蒸馏烈酒在英国大受欢迎，可把酿酒商们给高兴坏了：以前酿酒的空桶能拿出来再利用了。

与此同时，在美国，机器制造的原生橡木桶造价比欧洲手工酒桶更便宜，波旁酒酒厂喜欢重度焦化的新木桶给酒带来的口感。1935 年，一道法令让这种常见做法固定下来：联邦法律强制美国酒厂使用新桶，保护本国林农和箍桶匠利益。所以，突然之间，市面上出现了大量的廉价二手波旁酒桶，给原先的雪利酒桶造成了冲击。苏格兰酒厂恰好利用了这股贱卖趋势，同时也从根本上改变了自家酒的味道。所以，我们现在视为传统的生产方法和苏格兰威士忌的固有口味，无非是酒厂看到外国通过的一项法律改变了市场环境，进而做出投机反应所致，这也让使用波旁酒桶成了常见的"传统"酿酒模式。

食物的历史里充满了诸如此类政治和经济的偶然事件造就永恒传统的例了。就说"地道"的英式香肠吧，它和欧洲其他大多数香肠的区别在于它使用一种不发酵的面包干"腊斯克"为原料，但这种做法其实是在第二次世界大战采用战时配给制度时出现的，目的是为了让肉能保存更久。战后，节俭的屠夫们觉得采用更昂贵的全肉配方毫无意义——传统就是这么来的。

还有一点需要记住：传统不见得总是好东西。杂货商兼广播员查理·希克斯引用了乔伊·拉克姆（Joy Larkham）的例子。后者曾花了大量的精力复兴消失的传统蔬菜和水果，但此公同时也指出，当初放弃种植这些蔬菜和水果的原因其实很充分：有不少品种就是不够好。然而，这些"传统不够好、根本不够悠久"的故事，很容易叫人黯然神伤，看破红尘。"传统"肯定是有些意义和价值的吧？

这里要理解的一个关键是，传统是活生生的、不断变化的东西。凡是不再鲜活、变成了文化博物馆里固定展品的东西，就不再是传统，而是历史遗产的一部分了。所以，举个例子，苏打面包仍然是一种传统的爱尔兰面包，而托盘面包（trencher）——中世纪用来盛装食物、本身也可以吃的一种面包——则成了烹饪历史的一页。就算后者复兴，也只是一道食品遗产，而非传统食品，因为它和过往的岁月之间没有连续的习俗纽带，是一种已经死掉的做法的自我"诈尸"。

文化传统和遗产各有价值，尽管它们也有一些重合的地方，但并非完全相同。传统反映了法国哲学家雅克·德里达（Jacques Derrida）认定的语言的一个特点，任何你能够有意义说出的词语，我和其他人都能使用，也能够得到很好的理解。但一些人由此误以为，一个词语必然有着某种该词汇每一次迭代（iteration）都捕捉到的意义或"本质"。德里达的主张其实是说，语言的迭代性意味着每次使用一个词语，它的意思都可能略微有所变化。每次迭代都非常类似，理解起来都没问题，但每次迭代也都有着充分的独特性，令词语的含义无法永恒固定。这就是为什么在英语里，"dinner"这个词，几个世纪前指的是略晚的早餐，现在却无缝切换成了晚餐（或午餐，具体指哪一顿饭，要看就餐者的社会阶层和所在地区）。

传统也一样。比方说，每当有人做出"传统"圣诞蛋糕，这个蛋糕肯定跟其他人所做的相当类似，没人怀疑它们出自同门；但显然，也没有两块蛋糕完全相同，而且，随着时间的推移，配方也会随着习惯的变化、食材的可用性，以及当时的时尚而变化。举例来说，英式圣诞蛋糕就是从某种葡萄干布丁演化而来。有时候，和词语一样，一种明显的变化自觉地产生了，社会要么接纳，要么拒绝。更多的时候，变化是渐进的，有机的。比如，随着黄油引发心脏疾病的坏名声传播开来，许多从前爱用黄油的意大利北方人，都逐渐减少了用量，或换用了橄榄油。世界各地的人们对糖的使用也变得更加谨慎了。"烹饪界总有这样那样的运动，"洛卡泰利说，"所以，传统随社会而动，随你周遭的活动而动。"

正因为如此，一道菜肴既传统，又跟历史上的前身迥然不同，这丝毫也不矛盾。我们不应该误以为，只有"原生"才真正"地道"。诚然，知道传统食物的当代版本跟祖先们有些什么不同，这很有趣，但这跟版本越老越传统不一样。一种做法持续了多长时间，比它从多久以前开始更加重要。

传统在变化中延续，而不光是保存原有方式——如果我们接受这一看法，为什么还要重视传统呢？首先，因为饮食传统是文化传承的一部分，我们有义务不让它随风消散。这是地球管家美德的另一个例子，保护主义对此也提供了很好的支持见解：从过去演进而来的实践里往往蕴含着智慧，因为破坏比创造更容易，我们应当小心保存从祖先那里继承来的好东西。这并不是说，传统的东西一定就好，也不是说，传统存在必定是因为有个现在仍然站得住脚的理由。之所以要谨慎对待传统，更多是因为，哪怕我们不明白一件事为什么如此，也应当假设它有存在的价值，除非我们证明它并没有。

这些价值观里，有的纯粹出于审美考量。每一种文化里都有能促进全球饮食文化丰富多样性的传统菜肴。如果这类传统菜肴被美式披萨、炸薯条和亚洲热炒等同质化、全球化的食物取而代之，世界就太乏味了。如果那波利的披萨跟美国披萨一模一样，世界会没那么有趣，一如每个国家首都的商业街都开满同样的跨国连锁卖场，该是何等沉闷。猪、牛和家禽的稀有品种；苹果和梨的古老品种；本地和时令性……所有这一切之所以重要，另一个原因就在这儿：如果忽视它们，我们可选择的食物范围，最终会变得更狭窄、更同质化，饮食文化的深度亦随之丧失。

让传统鲜活起来

可讽刺的是，太过热心地保护传统，同样有可能害死传统。对活生生的传统来说，不同的地区，甚至同一条街上的不同厨房里都存在不同。看看德文郡和康沃尔郡喝奶油茶时烤饼的配搭有些什么区别吧：康沃尔郡先上果酱，德文郡先上浓缩奶油。可一旦保护主义者们插手到盘子里或产品上，配方就凝固了，成为别无二致的正统。欧洲原产地保护认证（PDO）和地理标志保护计划（PGI）旨在保护各地食物的独特地位，但它的一个不利之处也恰好在这里。如果对什么样的奶酪才能称为坎帕尼亚水牛马苏里拉或者卡芒贝尔做出明确的正式规定，创新就停止了。编撰成文意味着僵化。如果你不承认事情有发展变化的可能性，你就不是要让它活着，而是要扼杀它，把它泡进福尔马林液做成标本。

一如古谚有云，凡事不进则退。学者兼作家约翰·迪基（John Dickie）讲了一个例子。

> 迪基在罗马附近一个叫真扎诺的小镇住了一年。"这是一个有着美食传统的小镇，尤其是面包。"他说。有一种真扎诺特产面包（pane casareccio di Genzano），是用木头炉子烘烤出来的半黑长面包，可以按1/4条或者半条来购买。1997年，它被列入了欧盟地理标志保护名单。"上面立刻制定了层层标准。"迪基说。该计划为达到最低标准设置了奖励措施，但对超过最低标准却毫无表示，因为得到地理标志保护认证的产品之间不能存在太明显的差异。结果，"少数用山毛榉树枝这种更适宜方法烘焙面包的师傅，被大多数想要使用更简单、更便于销售的方式烘焙面包的师傅给说服了。就这样，现在你能在意大利所有地方买到真扎诺特产面包，'意大利一流面包'，跟其他的面包也没什么区别了。"

之所以说保护一种产品不如延续活生生的传统，原因就在于此。事实上，可以说，和用新方式生产传统产品的人比起来，在以传统方式创造新产品的人手里，传统的火炬散发出更明亮的光辉。以斯蒂切尔顿奶酪为例，它是采用老式斯蒂尔顿奶酪的生产方式制造的未经消毒杀菌的蓝纹牛乳奶酪。如今，斯蒂尔顿奶酪遵守原产地保护认证的规范，使用经巴氏消毒的牛奶，这样一来，斯蒂尔顿奶酪就成了"一种受保护的现有生产形式，只不过跟传统斯蒂尔顿奶酪全无关系"。尼尔牧场乳业的多米尼克·考特么说。我认为，新的斯蒂切尔顿奶酪其实传统得更合适。

我们理应有能力延续过去的优秀传统，又不否认它们有着改变的权利。我曾拜访过意大利瓦莱达奥斯塔的奶酪制造商，他以多多少少符合传统的方式生产芳提娜奶酪（Fontina）。

> 我看到他的时候，他正在高高的阿尔卑斯山上放牛，一个多月之后，这片草场就将覆满白雪。到那个时候，牛群会迁到山下；到了冬天，牛群则放到山谷里喂养。走进奶酪制作车间，他正用一把传统的豆腐刀，在一口巨大的铜碗里搅拌牛奶和凝乳酶，但加热时，他使用煤气炉，最后，他把木头刀换成了电动搅拌器。类似的，奶酪是在一张老旧的木头桌上凝固的，但用的是现代塑料模具；他搬动饲养点，靠的是一辆四驱皮卡，不是骡子。

尽管我觉得，在今天制作过去的东西，最好的办法是维持活生生的传统，但这并不是说遗产没有价值。不管是延续失落或濒危食物的生命力，还是把它们重新找出来，都能达到饮食多样化的目的。慢食运动一直在通过"美味方舟"项目（Ark of Taste，它在英国的名字比较平凡，叫做"失落的食物"）复兴古老饮食。当今世界的农业发展趋势是把所有的蛋都放在一两个篮子里，即只用特定植物生产力最强的品种进行大规模生产。故此，除了文化和食用价值，小规模生产替代品种也有利于维持生物多样性。如果某种害虫或疾病攻击了主流作物，或许还需要其他的品种来帮忙开发抗病新品种。

故此，优秀的传统不是往后看，而是前瞻后顾，把过去留下来的好东西带到未来去，同时又不害怕它继续变化发展。在这个语境下，"地道"似乎像是一种误导性的价值观。对这件事，我意识到得很晚。尽管我成长在一个意大利家庭，但我也曾一度以为他们对烹饪传统保护得有失地道。如今回想，这实在太过自大。

许多英国家庭吃的意式波伦亚调味汁、肉碎和胡萝卜酱水汪汪的，我给吓坏了，因为那玩意儿实在太难吃。事实上，我们自己家里吃的也不是什么传统波伦亚调味汁。和20世纪七八十年代的大多数家庭一样，我们撒在肉酱面上的所谓"帕尔马"奶酪，是随便买的纸盒装干酪，意大利当地人碰都不会碰。同样道理，我还以为，披萨里加入菠萝和鸡肉块是旁门左道，但这也是因为它们吃起来实在糟糕。如果我特别讲究"地道"，除了西红柿、九层塔和马苏里拉奶酪之外，面团里绝不该加任何其他东西，我心爱的水瓜柳和凤尾鱼只能放到一边去了。

创新对维持鲜活的传统必不可少，但没有对传统的认识，创新反而会变成破坏。这种认识很难编撰成文，也不应该朝编撰成文的方向努力。在这个领域里，最优秀的知识同样来自不精确的判断和实践智慧。我们用"敏感"一词来形容在传统下创新的人，这并非出于偶然，因为他们的技能更多是一种感觉，而非理性考虑的结果。

比如，像乔治·洛卡泰利这样优秀的当代意大利厨师懂得，自己国家的美食只跟相对较少几种的纯粹食材结合得很好。但他也明白，有一种核心口感，为所有的一切奠定了基础，它才是最为重要的东西。在这样那样的限制条件下，他可以创造出坚定扎根于传统的全新组合，一种正因为并不全新才饶有趣味的新颖性。一个意大利人，像我一样坐下来，点了烤鹧鸪、瑞士甜菜、葡萄和板栗，或者熏猪颈、蘑菇、香醋芝麻菜，他之前或许从没吃过这些菜肴，但他一眼就能认出这些东西属于自己所知、所爱的烹饪传统。

对传统最好的意识，就是要理解你身边的文化怎样塑造了你，这样你才能更好地前进，既无须否认对新颖的追求，又无须放弃对旧日的承诺。在这种背景下，如果"地道"真有什么所指的话，那么它指的不是"原产"或"不变"，而是忠于自己，忠于你从鲜活传统里吸收的好东西。

10
高科技的实践智慧

THE
VIRTUES
OF
THE
TABLE

　　高档水果和蔬菜供应商查理·希克斯有一桩头疼事：怎样把浪漫得不切实际的恐技术人士往好的方向引导。他自己的话说得更生动："反科学的东西最叫我心烦意乱了。"希克斯讲了他到匈牙利拜访一家香肠生产商的故事。

　　每一条香肠都以传统的方式制作。"食材无可挑剔，完全没有任何肮脏的地方，我们一路观看了整个过程。"他说。但香肠成形固化的环节，是在一种高科技设备里完成的，可以控制关键的温度和湿度。"以前我们是把香肠挂在山洞里，"通过电脑操控设备的人说，"我们知道理想的温度是多少，也能设法控制在那个温度，但损耗的比例大概是30%。现在，我们再也不用浪费原材料了。其实产品完全一样，只是做了改进。"照希克斯看来，如果使用这种技术可以避免 1/3 的产量损耗，不这么做才叫不道德。

现代机械真能打败传统方式，是个叫人很难接受的观点。我去过西班牙桑卢卡尔 - 德巴拉梅达（Sanlúcar de Barrameda）的一家雪莉酒厂，酒厂的人坚持说，是大西洋吹来的温暖海风，造就了酒醇化时的差异。在格拉纳达的特雷韦莱斯，人们说，是地中海南部的暖风吹过了阿尔普哈拉的高山，让他们的火腿举世无双。可如果仔细想想，这些地方之所以成为顶级产品的中心，是因为气候适宜——在前科技时代，这是人没法改变的，制作者必须待在最合适的地方。可一旦人们能控制身边的小环境，地理位置就不再成为问题。或许有一些自然环境好得让我们改无可改，但对其他大多数自然环境来说，总可以有所改善。

转基因之辩

就连通常而言爱好技术的人，碰到科学变得太陌生、太吓人的时候，也往往心生恐慌。人们对转基因生物的反应基本上就是这样。在礼貌谈话中表达对它们的支持态度，简直等于是公开表达对反人类暴君的仰慕。一部分麻烦来自争论已经两极化了（很多时候都是这样）。很多反对者秉持单纯的"不要转基因"立场，把利弊讨论变成了"要么支持，要么反对"的简单表态。尽管在我看来，回避当前在生产或培养中的绝大多数转基因生物，有三个非常充分的理由，但这并不足以排除转基因生物在未来的应用前景。

国际公平贸易组织 CEO 哈丽雅特·兰姆解释了第一个理由。"如果我们信任对农民的赋权和农民的自我组织，那么转基因生物的问题就在于，农民们没办法按照传统做法存下部分收成留待来年了。他们失去了对作物的控制权。"这是因为,大型集团持有的商业品种,在种子里插入了"终结者基因",农民必须每年购买新种子。这些公司还提供除了作物能毁掉其他一切植物的除草剂。正如土壤协会负责人海伦·布朗宁所说:"企业控制贯穿了转基因作物的整个历史。"

第二,大多数商业转基因作物的可持续性很值得怀疑。由于一座农场只能种植一种作物,转基因作物把农场变成了绝对的单一种植场所,没有了人工肥料,土壤会死亡,野生动植物无法繁荣生存。从长远来看,维持这种农场生产力的唯一方式,就是投入越来越多的化学品,哪怕化学品本身并无危害,它们也非常昂贵,必须投入大量的碳基能源,而我们现在需要的是减少二氧化碳排放量。

第三,由于自然选择的存在,转基因作物与自然展开了一场长期恶斗。已经出现了抗除草剂的杂草,填补被灭绝的前任们留下的空白生境。大自然讨厌真空,加速现有杂草的消亡,很有可能会让我们更快地迎来更难对付的新型杂草。

对转基因生物的上述批评,或许已经有解答,但我听到的答案都不够好。不管怎么说,合理的反对意见有一个共同点:它们反对的并不是转基因本身。问题出在当下的所有权制度以及大范围种植的转基因作物上。唯一一个反对一切形式转基因生物的意见,其实虚弱不堪。"扮演上帝"的指控太可怜了,简直不值一答。简单地说,几千年来,我们一直在选择性地育种,做着事关品种生死的抉择。

略严肃的反对意见是,引进新品种会对广泛的生态系统造成什么样的影响,我们说不准。这是事实,但它的意思无非是我们要小心谨慎。如果从来不引进新物种,那么,意大利就不会有西红柿,爱尔兰就没有马铃薯,印度也没有茶叶。在英国这样的国家，几乎每一种作物都是从其他地方引进的。有些引进造成了很糟糕的后果，比如澳大利亚引进的兔子，但即便如此，离文明崩溃还差得太远。

事实上，过去一个世纪，我们早就为农业引入了数万种新物种和新品种。自20世纪30年代开始，创造新物种最常见的技术，就是用射线照射植物，加快随机突变的自然发生，选择表现最好的作物，并重复上述过程，直至理想品种出现。如果这项技术现在才问世，并根据技术给所得产物贴上"突变基因"的标签，说不定它们也会像转基因生物那样遭到强烈抵制。

平衡的立场是对转基因生物保持合理谨慎，甚至反对当前商业品种的大规模扩散，但不反对有可能带来巨大帮助的新植物的研究（尤其是非营利性质的研究）。比如洛克菲勒基金会资助的黄金大米项目，就是一次人道主义的尝试，希望培育出富含维生素A的稻米品种，为以稻米为主食的贫苦人口造福。耐旱作物也能够在提高粮食安全方面发挥重大作用，尽管当前的主导研究力量孟山都（Monsanto）并不以追求社会效益为目的。这两个例子均无须对目前培育的作物做根本性的改变（或是只需做极少的改变），故此造成意外的副作用的风险很小（除非是使用了进攻性的杀虫剂）。

在我看来，这一切本来很浅显明了，但反对转基因生物的人大多很不愿意承认转基因可能会大有裨益。公平贸易体系眼下禁止转基因生物，哈丽雅特·兰姆对此表态说，标准是"活的"，"你必须与时俱进，如果技术和所有权有所改变，你要愿意改变观点"。不过，海伦·布朗宁考虑到有机运动需要维持简单明了的信息，则说："有强势力量希望把转基因纳入我们的食品供应，并进行批发控制。我们跟他们的关系很紧张。"即便如此，土壤协会难道不应该承认眼下的禁令是暂时性的吗？"那样的话，《每日邮报》就会在头版头条报道说，'土壤协会说转基因挺好。'"布朗宁答道，"这就是我们生活的世界。这就是为什么有一半的时候你都没法进行理性谈话。"很遗憾，不幸的是，她可能是正确的。有机运动不得不卷入政治，又由于食品是政治话题，所以明智的谈话成了"不可能完成的任务"。

胶囊咖啡 vs 手工咖啡

然而，对我们普通人来说，秉持更细致的立场完全可行。既不做狂热的技术迷，也不做被技术吓破胆的恐惧者。我们需要的是一种或可称为"技术实践者"的态度：对技术的实践智慧，让我们能根据个案判断待议创新是不必要、奢侈、浪费还是有用。

技术实践不光能为社会面临的食品技术等宏大问题带来更合理的想法，在家庭范围内也很有用。我们的厨房里到处都是技术的身影，只不过，大多数的厨房技术很简单、很熟悉，简直不能当成技术，比如开瓶器、开罐器、蔬菜削皮刀、电子秤、水壶和搅拌器。但大多数厨房也都放着一些很少用甚至从没用过的器具，买家动手买的时候，总以为有了新机器，就能为自己的生活变出无穷无尽的自制冰激凌、水果冰沙、面包、酸奶和奶酪火锅来——这想法真是太诱人了。

不过，即便是利用率出名低的器具，比如榨汁机，落到合适的人手里，也能变成福音。我有一台珍视的设备——面包机，但我也听说，好多人都把它搁在橱柜里头落灰。它真的很棒，我很乐意告诉你，这是一台松下SD-255，我向你保证，我可不是在给该公司打广告。我用了快5年了。只要设定好时间，任何时候都能吃到热乎乎的面包；更别说烤面包的时候，房间里弥漫着扑鼻的香气；用它做意式薄饼面包的面团也容易极了。它通过了优秀家务工具的关键测试：使用简单，便于清洗，确实好用。这倒不是说用它能做出匠人一般优秀的面包，但至少比买的现成面包好不少。反正，我做的面包肯定是这样，直到我家附近新开了一两家超棒的烘焙店。就算它没能找到新家，也过了一长段富有成效的好日子，为我节省了大量宝贵的时间，绝对物超所值。对比来看，我邻居也有一台型号完全相同的面包机，他至今都还没搞懂该怎么用呢。

但，真有能击败专业匠人的机器吗？在某些人类活动的领域，也许确实有，但食物和饮料显然不行吧？我一直是这么想的，直到采访过布里斯托尔米其林星级餐厅卡萨米亚（Casamia）的两位可爱年轻大厨乔瑞（Jonray）和彼得·桑切斯-伊格莱西亚斯（Peter Sanchez-Iglesias）。

两位大厨开始说的跟其他厨师差不多，比如喜欢不断挑战自我，勇于创新，采购当地最好的食材，等等。我顺口提到，我喜欢他们在行业杂志《餐厅》（Restaurant）有关咖啡的圆桌讨论里发表的意见。我说，桌子上正放着一杯雀巢胶囊咖啡机做出来的咖啡，而雀巢又刚好是该特刊的赞助商，这倒有点好笑。乔瑞回答，一点也不好笑，你来的时候喝的就是雀巢咖啡。他领我来到接待台后摆着的小机器面前。所有的顶级餐厅都用它，乔瑞说，所有的米其林餐厅都用它。他放入一粒胶囊，按下按钮，一杯表面带着完美米黄咖啡脂泡沫（许多鉴赏家认为，这种泡沫是好咖啡的标志）的意式特浓咖啡就出来了。味道不错：细滑，带点果仁味，又不像许多特浓咖啡那么苦。

我这一辈子曾多次做过重要的立场转变，可没料到这一回，自己这么快就推翻了先前的成见。我做了一番调查，虽然"所有的"一说略微夸张，但现在确实有数不清的高档餐厅使用胶囊咖啡，包括本书撰写期间许多知名美食推荐榜上排名最高的两家：莱德伯里（Ledbury）和赫斯顿·布卢门撒尔

（Heston Blumenthal）主厨的"肥鸭"。在法国传奇米其林三星级餐厅"光韵"（L'Arpège），大厨阿兰·帕萨德（Alain Passard）使用自己生物动力菜园里栽种的有机农产品。即便如此，也使用雀巢提供的胶囊咖啡——雀巢为一百多家米其林星级餐厅提供服务。就连意大利也在接受胶囊文化。我住过瓦莱达奥斯塔的一家小型家庭酒店，厨房以本地食物为傲，但咖啡却来自拉瓦扎（Lavazza）胶囊机，尽管它样式设计低调，看起来像是传统咖啡机。其他公司，如意利（Illy）、赛格福乐多（Segafredo）和金宝（Kimbo）也各有自己的胶囊产品线。这跟食物的时代精神完全背道而驰。我们不是应该逐渐远离高科技工艺，走向用"天然"好食材手工制作食品吗？

餐厅里使用胶囊似乎不对头，部分原因在于，菜单上其他东西都讲究创意和精心准备，机器却简单得"是个傻瓜也能用"，两者不大和谐。但把这个想法稍微推得更远些，它就站不住脚了。餐桌上应该还有一瓶酒，服务员只需帮你打开就行。接下来，为你端上一份奶酪拼盘，厨房只需把它放在室温下切好。餐厅自己没法做好的东西，就会去采购，咖啡有什么必要例外呢？为什么不能"投入创新——新的食材、新的技术、新的设备、新的信息和观念，所有能为烹饪做出真正贡献的东西"呢？这是 2006 年 4 位世界顶级大厨在"新烹饪宣言"里的说法。费兰·阿德里亚（Ferran Adrià）、赫斯顿·布卢门撒尔、托马斯·凯勒（Thomas Keller）和哈罗德·麦吉（Harold McGee）坚持，"立志追求卓越，就是面对一切有助于我们通过食物赋予人愉悦与意义的资源保持开放态度。"

最优秀的餐厅有充分的理由认为自己没法比胶囊做得更好。做出一杯好的特浓咖啡很困难，每个环节都可能出问题。先从咖啡豆开始说。就算你买的是最好的咖啡豆，一旦打开袋子，就开始氧化变陈了。磨成粉之后，这个过程来得更快。所以，除非餐厅的翻台率非常高，不然注定只能提供不怎么新鲜的咖啡。

接下来，要把适量的咖啡粉放入过滤把手，用填压器施加最恰当的压力使咖啡粉变得紧凑，这两个过程都要靠人来判断，不见得每一回都能做到完全一样。意式咖啡机也需要清洁和校准，能够以合适的压力出水，显然，这一步也很困难，尤其是在空气稀薄、气压变化极大的山区。如果客流量不够大，机器里的水会因为加热时间太长而失去氧气，就像水壶里反复沸腾的水一样。

有鉴于此，咖啡馆想方设法做出了体面的咖啡，实在是个奇迹。事实上，这或许可以解释为什么咖啡爱家们都顽固地认为，体面的咖啡很难找到，好在大多数人都喜欢往特浓咖啡里加上牛奶和糖浆，大多数咖啡馆才蒙混过关。死硬分子最明白为什么制作好咖啡那么难，理应最能看出自动化折衷方案的优势米。制作咖啡本身有着技术完美倾向，因为它的所有关键变量都要严格控制。

一家大公司可以顺利采购到真正的好咖啡豆，妥善烘焙、碾磨，之后再立刻将其用胶囊进行真空密封，以免进一步陈化。这一步已经比大多数咖啡师要领先了，因为胶囊用的是新鲜咖啡。如果再花数百万美元研发，汲取制作咖啡的专业知识和技术诀窍，就很可能设计出一台机器，让合适的水量以合适的温度和压力穿过胶囊，而这，就是咖啡粉变成一杯好咖啡所需的一切。

理论上看丝毫不假，但光用理论击败一种意识形态很困难，很多人都坚定地相信：在需要人类创造力的领域，工匠总能打败机器。好吧，之前他们也是这么说国际象棋的，直到 1997 年，IBM 的"深蓝"击败了卡斯帕罗夫，人们才又改口说，计算机精通这类事情是显而易见的。一旦找到一套按步骤严格实施以达结果的流程，那么，只要符合成本效益，自动化就不可避免。先是拿国际象棋开了刀，如今又搞定了咖啡。

布丁好不好吃，吃了才知道。如果顶级餐厅认为自己的咖啡师能做得最好，是不会供应胶囊咖啡的。这类餐厅不是会偷工减料的地方，它们甚至会为每位就餐者专门在厨房里安排一名大厨。雀巢咖啡自己就做过无数次的盲品测试，他们知道自己的胶囊咖啡能跟我找来的高手一较高下，所以答应参加我组织的盲品活动。

盲品活动在萨里郡佩尼希尔公园的米其林两星级餐厅拉特米尔（Latymer）举行，因为这家店里既有雀巢胶囊机，也有传统意式咖啡机。有违直觉的是，餐厅里的食客会点胶囊咖啡，而预约客房服务的客人却点手工咖啡，因为后者更便宜。样品由经验丰富的餐厅经理、接受过全面培训的咖啡师布鲁诺·阿塞林（Bruno Asselin）制作。布鲁诺向我解释了保证测试公平的举措。他前一天晚上保养、清理了传统咖啡机，又新开了一袋咖啡豆，制作之前才碾磨。我递给他 1/3 袋没有标记的咖啡作为对照。这是萨尔瓦多蒙特西恩咖啡园出产的高品质咖啡豆，但它不是专为特浓咖啡烘焙的，而且已经磨成粉 4 天了。如果品鉴师认为这种咖啡比其他两种更好喝，那么，所有关于压力、碾磨的讨论就全都是废话，咖啡就是咖啡，这种和那种没有任何区别。

每一杯意式特浓咖啡都拿出去端给 4 名品鉴师（分别是咖啡馆老板、每天要喝 10 杯咖啡的普通顾客、咖啡爱家，还有我的一个朋友）品尝，品尝顺序每次不同，以抵消任何先入为主的印象。他们喝完后暗暗评分，做笔记。我也分别尝了，但我的分数不计入最终结果，因为我监督了布鲁诺制作咖啡的整个过程，确保他没弄错。最终统计成绩时，我带来的"错误"咖啡确实排在第三名，而赢家是雀巢，它也是两位品鉴师的最爱。

当然，这只是 4 个人的裁断，为这么复杂的分配打分数的过程估计也有问题。但它所得的结论，跟任何不偏不倚的观察者考察证据之后所得的一样：不管你喜不喜欢，跨国公司确实找到了办法，让机器能做出跟优秀咖啡师做得一样好（甚至更好）的咖啡。这粉碎了一种错觉：匠人手工制作的产品，总是比机器大规模量产的产品更优秀。这也提醒人们，哪怕有理由抵制具体的某种创新，也不应该下意识地排斥一切技术。毕竟，我们现在认为的"传统"意式咖啡机，是 1938 年阿奇·加吉亚（Achille Gaggia）最先发明的，它有着复杂的机械部件，在当时肯定显得很激进。

职人手感 vs 机器量产

传统主义可以自找台阶，提出一种让人心安的结论，就跟人工智能怀疑论者面对"深蓝"击败卡斯帕罗夫之后所做的一样：做咖啡是创造力的一种特殊情况，一如国际象棋也只是智能的一种特殊情况。它只是恰巧属于能够通过死硬算法完成的事情而已，但人类智能和创造力的大部分表现不只如此。大厨的工作，类似雀巢胶囊机那样的东西绝对完成不了。

真的吗？只要看看美食界的最前沿，相反的证据就冒出来了。分子美食以如下设想为前提：科学和技术知识可以帮助我们创造出新的口味和组合，又或者从原来的口味和组合里激发出最精华的部分。眼下，由创意天才掌勺的手工餐厅，几乎完全把持了分子美食这一领域。在费兰·阿德里亚的"斗牛犬"餐厅（El Bulli）结业之前，到那儿去吃饭的人均消费是 285 欧元；现在到赫斯顿·布卢门撒尔主厨的"肥鸭"餐厅，不算酒水和服务，消费金额也在 195 英镑以上。为了体验到罕见烹饪天才的掌勺巅峰期，顾客们愿意破费。

然而，分子烹饪合乎逻辑的发展结果，是高级机械化。比如说，如果做肉的最佳方式真的是混合若干草药、香料，把肉真空密封在 55 摄氏度的水里煮 48 小时，那么，只要有一台合适的便宜密封电磁炉，本地酒吧的新手厨师或者任何其他人，都能到屠夫那儿买好肉，做出一盘毫不逊色的肉来。

阿德里亚和布卢门撒尔等人不像传统意义上的厨师，更像是设计师。他们将成为美食界的亨利·福特和詹姆斯·戴森（James Dyson），设计菜肴，让他人根据严格的规范进行组装。如果你觉得这种说法太牵强，布卢门撒尔已经为连锁超市维特罗斯创造了一系列大规模生产的菜肴。更令人信服的证据来自纪录片《美味绝飨》（*El Bulli: Cooking in Progress*）。阿德里亚并不在他的餐厅里烹饪，他的主要任务是开发新菜肴，尤其是在餐厅歇业 6 个月的美食研发期。就连在这期间，他也主要是告诉别人该怎样尝试，为实验结果提供反馈。"斗牛犬"餐厅的厨房其实真的是一条炫目的生产线。纪录片中的一个场景是，他在经营季开始时对厨房员工说："你们必须运作得像是完美的机器。"如果这是真的，那么，直接使用完美的机器说不定更容易、更可靠。厨房里林林总总的厨师长、副厨师长和助理厨师或许都将遭到机器人的淘汰，就像汽车生产线一样。至少，机械化生产非常民主化，让奢侈的定制品变得连收入普通的人都能买得起。

迷恋手工技艺的人或许可以进一步自我安慰。雀巢咖啡机和真空包装的肉食大概真能让精彩的食物和饮料飞入寻常百姓家。机械化兴许能击败普通人，甚至绝大多数人，但最优秀的作品，仍然需要人类的天赋、创造力和激情。

一个相关的论点是，大规模生产必须吸引尽量广泛的受众，而最优秀的东西通常更为个性化，哪怕大多数人喜欢，也会有人讨厌。咖啡盲品活动就是一个很好的例子。我们从同一点出发给了雀巢咖啡很高的评价，形容它

"顺滑""好喝",而餐厅老板们给出的关键信息是,他们喜欢胶囊咖啡的"一致性"。这并不是说它平淡,而是说它没有挑战性,没太大特色。人们不可能不喜欢它,却难以真正爱上。

相比之下,排名第二位的咖啡更有冲劲和深度,带了一丝许多人不喜欢的苦涩,但对我来说,那正是意式特浓咖啡的独特味道。尽管这是我自己,还有那位每天要喝 10 杯咖啡的顾客的选择,但品鉴小组的汤姆·查特菲尔德(Tom Chatfield)很反感。他敏锐地观察到,雀巢胶囊咖啡真正实现的,是系统性地消除了咖啡制作过程中所有可能产生问题的环节。举例来说,传统意式特浓咖啡的米黄咖啡脂只能持续两分钟,可胶囊咖啡却能持续 15 分钟,如果你喜欢冷咖啡的话这简直太棒了。胶囊机制作的咖啡毫无瑕疵,但这同时也指出了该怎样才能做到比完美更好。一瓶完美的可乐不如"斗牛犬"餐厅的一顿饭好,哪怕后者 40 盘菜肴里有一盘搞砸了。只有接受一定数量的不完美,才能实现高于完美的巅峰。

这些因素在一定程度上解释了为什么我们仍然有充分的理由重视工匠制作的产品、食物和饮料,但它们不能从原则上解释我们为什么必须这么做。实际上,它们只是对机械化的方法提出了一个挑战:不光要生产出质量最高的同质品,更要找到办法生产出有人喜欢有人讨厌的东西。

其实,这正是大规模生产下一步要发展的方向,马尔科姆·格拉德威尔(Malcolm Gladwell)在最受欢迎的一场 TED 演讲中将之带入了公众的视野。格拉德威尔指出,制造商们已经不再像过去那样,在每一门类下只生产一种适合所有人的理想型号,以意大利面酱来说,就是顾客一致给打 8 分(10 分制)的那种。相反,他们现在提供一系列不同的酱料供顾客选择,这些酱料所得的平均评价较低,但最高评价却更好。

这一进程的下一阶段(主要是预示,尚未变成现实),是按需定制的机械化生产，收集有关客户的足够信息，机械化生产对每个人都恰到好处的咖啡、意大利面酱或肉类腌料。这种事情，厨师是不可能做到的。因此，基于个性特色来捍卫手工匠艺其实反倒受制于命运了，因为绘制个人偏好、定制相应产品，正是机械化生产的下一阶段。

不过，捍卫匠艺，有另一种更生猛的办法。到目前为止，与论点相关的问题来自如下隐含的假设：检验什么样的东西好，似乎看重的是你消费或欣赏的那一刻的感觉。它的着眼点是一种去背景化的体验。这就是为什么盲测有着如此的重要性，但它从根本上就走偏了方向，因为对我们而言，真正关键的事情，不是体验孤立开来的方方面面，而是这场体验跟其他东西有着多大的契合度。

食物交流是一种人际关系

法国美食作家布里亚-萨瓦兰（Brillat-Savarin）认为，餐桌上的愉悦不同于饮食的愉悦。口味本身并不能说明我们想吃什么。要不然，凡是喜欢特浓咖啡的人都该买一台胶囊机，因为它几乎肯定比自己手工制的好喝。然而，人们不会这样做，原因不在单纯的味道上。首先，环境影响是一个因素。诚然，喝胶囊咖啡并不会让本来就足够可观的碳足迹变得更大，但采用一种需要不断更替塑料胶囊的技术，似乎无甚必要——哪怕雀巢公司已经建立了回收胶囊的制度（而回收不可避免地会消耗更多的能量）。不使用胶囊并不能拯救地球，但它确实意味着履行、表达良好的价值观。

同样道理，至少从家用的角度看，机器代表了冗余：昂贵的工具、昂贵的胶囊，只些许改善了咖啡质量。如果考虑到咖啡的整个饮用体验，甚至可以说毫无改善。胶囊咖啡制作时没什么气味，而我们都知道，气味对美食享受至关重要。咖啡尤其如此，许多人喜欢咖啡的香气却讨厌它的口感，或者说，能让鼻子欣喜的咖啡却会让嘴巴失望。这带来了另一个观点。食物之乐的一部分来自准备环节，对喝咖啡的人来说，冲调咖啡可以是一种神圣的仪式。因此，塞进胶囊，按下按钮，其实削弱了制作和饮用咖啡的完整体验。

接下来还有社会和政治方面的考量。购买一套胶囊系统，实际上就是跟大型跨国公司签订了一份咖啡供给的合同。这并不一定意味着你在剥削难以谋生的农民，但你肯定损失了帮忙重塑全球食品经济、让生产方和消费方建立更多人际联系的机会。你不再从合作社或单独的咖啡庄园购买；不再选择公平贸易体系；大多数情况下，甚至不再从本地独立小杂货店那里购头胶囊。

从所有这些方面看，胶囊系统是一种疏离异化的技术：生产商和零售商变成匿名者，冲泡咖啡的过程藏进了塑料外壳里。手工匠艺之所以宝贵，有一点在于它要求制作者和材料之间有着切实的联系，在一定程度上，也要求创作者和消费者之间有着人际联系。正如前面所说，觉得至少有一部分商业交易属于我们真正的人际关系网络，这很重要。比方说，许多经常光顾酒馆的人就抱怨说，打理酒馆的不再是店东，而是受聘的经理。店东大多跟自己的客户有一种不同的关系，而这种关系又反映在顾客对酒馆的态度上。

餐厅有一个最奇怪的特点，体现出了这种个人关系的意义。尽管你为所有的一切都付了钱，但大多数时候，你不仅仅是消费者，还是客人。如果你吃到了一顿好饭，你会感谢大厨；他不会感谢你。我说的可不是什么"餐厅属于'服务业'"的老套商业行话。

讽刺的是，企业自己倒很清楚"看不到个人"的庞大匿名性是多么大的妨碍。这就是为什么他们总爱借助虚假的个性化增加自己产品的吸引力。比方说，班杰利冰激凌公司（Ben & Jerry）搞过一场广告宣传，给人留下的印象是他们的冰激凌就像人一样爱心血来潮，台词是"你随心所欲，他多吃了一颗棉花糖"，以及"一般而言，我们努力往每一桶冰激凌里都多加几颗核桃，至于多加多少颗，要看是谁做的"。这一切全发生在公司出售给跨国巨头联合利华之后，班杰利迫切希望保护自己先前的"家族小作坊"式品牌形象。

> 波士顿小连锁店"b.good"的宣传口号是"真正的快餐，人做的食物，并非工厂制造"。它的餐桌上放着供货商的形象卡。"这是弗兰克，"卡片上印着一个穿蓝色衬衫、模样质朴的中年男人，"他的家族在马萨诸塞州西部耕种土豆田一百多年了。"他和三个兄弟"亲手种植、采摘土豆，这个秋天，我们每天都将他们送来的土豆手工切条"。店里营造的形象平易近人，但据我们所知，这个家族农场好像是一家庞大的企业，过度依赖化学品，低薪剥削移民劳工。它当然不是一家小型农场。农场的网站上说："绍洛斯基土豆农场公司（Szawlowski Potato Farms, Inc.），是如今新英格兰地区最大的土豆农场。"它耕种着 45 000 亩土地，并拥有"全美最先进的包装设备和冷却设备"。至于弗兰克，他早已"离开田间地头，在哈特菲尔德的办公室负责推广及管理业务"。

我们不需要知道种出每一颗蔬菜、养殖每一头奶牛的是什么人，也无须反对一切形式的工业化农业。但如果跟生产食物的所有人都没有联系，我们就疏远了自己生活里最核心的一样东西。这就是为什么我们总要多花一些钱，才能享受到至今仍然是靠人类手工制作的佳酿美食——这么做可不是犯傻。

我们希望社会仍能让人投入到所爱的艺术与技艺当中，一部分原因在于我们自己就这么做，另一部分原因也在于，人投入到有趣的事情里，世界会更生机盎然。如果让生活变得更轻松、更廉价的代价是让人丧失主动性和创意表达，那么，这不见得会让生活变得更美好。

我们既是知性的生物，也是感性的生物，知道东西是怎么做的，应该也确然影响到了我们对它们的感受。你若接受这一事实，价值与效率的固有信念就遭到了颠覆。比方说，评估农业生产的正确方法，不仅仅是产量、用水量、碳排放量、水土流失量等客观指标，尽管它们的确都很重要。我们还必须考虑，不同的生产方式对我们的生态景观有什么样的影响，农业与自然的联系，农民、土地、零售商和消费者之间的联系。总之，科技的实践智慧要求我们从整体上思考，而不是把好东西分成若干必需因素，逐一勾划，选择得分最高者。

许多反对工业化农业的人参与论战之后才发现，有时候，反而败在了自己提出的重要标准之下。绩效测量手段，远不能有效地反对工业化农业，而只是为它的改进提出了挑战。以乡村风光爱好者最痛恨的塑料大棚为例。查理·希克斯说，塑料大棚的效果好得出奇。它们能减少化学品使用量，防止天气损害。20世纪70年代希克斯才入行时，一场大雨一夜之间就能消灭整个草莓季的收成。"如果不用塑料大棚进行种植，就要进口更多的粮食。"希克斯说。别忘了，塑料大棚无非是我们已经用了好几百年的温室的改良版，户外种植也并不适合所有植物。以催熟大黄为例，它生长在黑暗的大棚里。这一种植方法来自1817年，人们偶然发现，埋在土里的植株味道更好。这种人工种植方法历史悠久，已成为正式传统：约克郡催熟大黄已获欧盟原产地保护认证。

如果用罗列好坏的拉清单方法，塑料大棚样样都好，只有一项标准过不了：它们太丑——尽管希克斯说："乡村不是主题公园。"然而从整体上思考，事情似乎很清楚，哪怕塑料大棚真的扮演了很重要的角色，如果我们纵容它们覆盖太多的土地，也会损失其他宝贵的东西。在这种情况下，科技的实践智慧的意思是，让新技术发挥作用，但不让它们全盘接管，以免乡村变成面目全非的、没有个性的丑陋食品厂。

科技的实践智慧意味着，哪怕机器的产物与之相当，甚至有所改进，也希望匠艺继续欣欣向荣，因为它明白，重要的不光是结果，获得结果的过程同样重要。有很多东西，我们会欣然接受机械化带来的明显益处，但也有很多东西，我们会继续偏爱手工制作。食物属于后者。哪怕每次做出来的东西并不完全相同，我们也欣赏厨师、面包师或者奶酪工人的技巧。制作口味随季节变化的白湖奶酪的罗杰·朗曼说："如果想要每天吃起来都一样的奶酪，去超市好了。"劳累不堪的人点了外卖，或者加热了一顿现成的饭菜，我们能够理解；但我们更欣赏亲自下厨的人，哪怕饭菜不一定完全合我们的胃口。就算是在花钱买食物的餐厅，它的气质也应该是殷勤好客，大厨邀请你享受自己大费心思准备的菜肴。食物交流是一种人际关系，而人类并不完美，所以，充斥着完美技术的世界，否认了人类无法实现完美的本质。

11
例行公事不无聊

奥地利哲学家维特根斯坦（Ludwig Wittgenstein）算不上享乐分子，在食物方面，他似乎尤为简朴。这一点，他的杰作《哲学研究》（*Philosophical Investigations*）有所流露。他用了三个食物的例子，其一是牛吃草。另外两个都强调在正确的时间进食："我想到了自己的早餐，今天它会不会也来得太迟呢？""现在，如果我告诉别人：'你来吃饭应该更准时，你知道午餐中午 1 点整开始。'——这么讲究精确真的没问题吗？"经济学家约翰·梅纳德·凯恩斯（John Maynard Keynes）笔下的维特根斯坦也是这个样子。

1929 年，凯恩斯在一封信里提到这位自己新结交的朋友："我妻子给了他一些瑞士奶酪和黑麦面包当午餐，他可喜欢了。此后，他每顿饭差不多都只吃面包和奶酪，对我妻子准备的其他各种菜肴视而不见。维特根斯坦说，吃什么对他来说没什么打紧，反正都一样。"

对于真正享受食物的人来说，这听起来太枯燥、太清教徒了。但成规也有其过人之处。人们经常形容维特根斯坦有点像修道士，一心一意专注于哲学，而修道院生活的一个特点，就是严格规定进餐时间，这样就不用浪费心思去想什么时候吃饭了。如果是本笃会修士，每顿饭只有两盘热菜可选（这是创始人的规定），但想要多少随便你。

这当然就是关键所在。如果你希望每天 24 小时都侍奉上帝，不为相对琐碎的问题（比如香蒜到底是配耳朵面好，还是配意大利面好）烦恼就很重要了。出于同样的原因，每天都穿着素朴的长袍，意味你无须思考今天到底是穿牛仔裤还是休闲裤好。无关紧要的事情都有了成规，这样思想就可自由自在地专注到真正重要的事情上。

如果你既不是修道士，也并未背负着替维特根斯坦作传的雷·蒙克（Ray Monk）所说的"天才的责任"，你或许以为这一套对自己不适用。但想必人人都有各种分心事，没法把心思投入到对自己而言最重要的事情上。就我而言，我要对抗的东西太多了：散乱的办公桌，电子邮箱里越来越多的邮件，几个月前一时糊涂、以为"过些时候事情会消停些"而答应下来的承诺，家庭杂物，购物，晚点列车的退款。鉴于大部分琐事不可避免，能避免操心的事情自然越少越好。

故此，对食物设定规矩非常有意义。然而，在消费主义的世界里，"成规"成了一个丑陋的字眼，唯一的成规是不断生产新东西，刺激只有"一指之遥"。我们得了一种有着神奇名字的病，"恐坐症"（thaasophobia）——怕无聊。维特根斯坦所说的"每天都做同样的事"，听起来就像是现代版的地狱。难怪"中规中矩"成了餐厅评论员爱用的标准负面评价，食物无可挑剔但也无法刺激胃口时，他们就这么说。

例行公事 ≠ 一成不变

然而，良好而有益的成规，可以应用到生活的诸多方面，不仅限于食物。亚里士多德用"秉性"（hexis，希腊语）捕捉到了它的精华，通常我们把这个词翻译成"性情"，有时也翻译成"习惯"，因为性情与习惯塑造人也反映人，是同一枚硬币的两面。可在英语里，"习惯"隐含着不假思索做某事的意思。你"出于习惯"，在高速公路上走错了出口，或者客人要黑咖啡你却照例加了牛奶，因为你根本没想当时他到底需要什么。

但这不是亚里士多德想要表达的意思。他所谓的"秉性"，是一种主动状态，而非被动状态。"无意识的习惯"并非同义反复，因为习惯可以是有意识的、刻意的。修道士就是一个很好的例子，他们能轻松地严格按照时间表，机械化地度过一天，就跟我们在学校晨读时一个样——就像无意识的机器人，但这并非不可避免。他们渴望有意识地知道自己是为什么做某事，故此，每一次的重复，都不仅仅是循规蹈矩，更是重申对上帝的承诺。同样，每一顿饭，不是简单地吃掉而已，也是宝贵的机会：感谢天主的恩惠，思考怎样恰当地享受肉体欢愉，却又不过分沉溺。

为了让不信奉基督教的人好好利用宗教里对待食物的态度，我们需要把"圣餐变质论"（transubstantiation）反过来，把基督的肉与血重新变回面包和葡萄酒。修道生活提供了一种有益的模型，把蓄意的、有意识的成规，通过若干方式反映在世俗生活当中。毕竟，哪怕美食家也有例行的成规。几年前，有调查显示，1/3 的英国人每天吃同样的午餐，引发了一场小小的喧嚣。

但要是调查的对象是早餐，人们就不觉得有什么奇怪了。出于某种原因，每天都吃差不多的早餐似乎是件可以接受的事情，哪怕美食家也行。可每天都吃一样的午餐和晚餐，就会被看作缺乏想象力、乏味无聊。让三餐跟昨天有所不同，不仅是个负担，更要投入一定的精力规划菜单。如果不靠某些成规来加以平衡，对多样化的有益关注，就成了不健康的"嗜新症"。

既然我们的生活中都有一定量的惯例成规在，那么确保自己选择了正确的成规就很重要了。只有不假思索地套用习惯去做，习惯才不好，可这往往正是我们的所作所为。相比之下，"秉性"指的是自由、自觉地选择要遵循的惯例，经常思考自己是否应该维持业已养成的习惯，对新的事实或变化的环境保持开放心态，因为它们或许意味着我们应当放弃或修正习惯了。

成规不见得意味着每一天都做相同的事情，也可以指去同一家三明治店或咖啡屋，又或者，可以指基本上是同一样东西，但略加变化。哪怕真的按字面意思，固定地吃相同的饭菜，比如星球六晚上吃咖喱，星期天烧烤，也不意味着非得不经大脑地直接吃或准备。我们很幸运，尽管有些食物吃不了几次就会厌倦，大多数人还是有若干菜肴能定期快乐地吃上十多年，甚至一辈子。这不仅是因为这些菜肴熟悉得让我们放心，更是因为我们真心喜欢它们——喜欢的程度不亚于在餐厅尝试叫人惊喜的新菜肴。你一定有自己的喜好。我自己喜欢的固定菜肴包括各种面食，烩饭，奶酪加面包配西红柿，鱼配薯条，土豆鱼头，鸡蛋蘑菇配吐司。它们定期出现在我的餐桌上，不是因为我懒，也不是我不假思索地顺从了习惯的支使，恰恰相反，是因为我真的一直喜欢它们，我精心准备，开开心心地享用。

日常食物里成规惯例最正面的例子，并非来自隐秘的修道院，而是来自有着悠久饮食文化传统国家的厨房。英国和美国的美食家们对地中海日常烹饪的优越性大唱赞歌，可有些讽刺的是，备受他们推崇的当地老乡们吃起东西来却十分保守。举个例子，我在瓦莱达奥斯塔的一家民宿吃到了几道美妙的当地特色菜和意大利经典菜，但厨师告诉我，她这辈子从没做过一道外国菜。同样，我回意大利探亲时，我知道亲戚们会为我准备花样有限的若干菜肴，也就是他们的妈妈教的那几道。（我的姑夫们，还有我叔叔们，基本上没受过女权主义的洗礼。）在英国，人们总担心自己会为客人准备跟以前一样的东西，而在意大利，你期待的往往正是这个家庭的特色菜。意大利导演吉安尼·迪·格雷格里奥（Gianni Di Gregorio）有部精彩的电影《八月中旬的午餐》（*Pranzo di Ferragosto*），里面有位可爱的老妇人一次次地回想人们有多爱吃她做的焗意面。我奶奶还在世时，要是复活节没吃到她美妙的自制馄饨，我会伤心欲绝；哪怕是到了今天，回家要是吃不到一盘烩面（不知为什么，我总觉得自家的烩面比哪儿的都好吃），我也会大失所望。

> 更极端的案例是日本最受尊敬的寿司师傅小野二郎，他是一位真正的工匠，一位职人。有一部关于他的纪录片展示了他对成规的痴迷——他甚至总从站台的同一位置登上列车前往工作地点。"职人就是每天重复做同样的事情。"小野二郎从前的徒弟水谷说。等小野的儿子自己开了餐厅以后，他的建议仍然是："一生都应该一直做同样的事情。"不过，这需要有意识的关注，和盲目重复完全相反。

或许这跟禅宗有着内在的联系，纪录片导演大卫·盖尔布指出，它渗透到所有职人的态度里，其中包含了这样一种理念："任务不分大小，都同等重要。"所以，不管你在生活里从事什么工作，都要全力以赴，做到最好。成规是通往卓越的道路，而非没有结果的死胡同。

只有在没有悠久食物传统、日常菜单未能积攒下代代相传的心水菜肴的文化里，才会出现"新颖是食物最重要的美德"的观点。惯例不见得会导致无聊，可不断追求新奇却会，这真是有些讽刺。为了创新而创新的烹饪最令人生厌。比如，最近几十年来的每一轮餐厅潮流，都在大大的呵欠声中告终。冰激凌里新加了一味可口成分，但很快就无人理会；食物装在罐头、棕色纸袋或者其他器具里端上了桌，不再用盘子和碗；千层面等菜肴变成了"解构"形式，不同的部分并排着端上来，不再混合到一起。

每天都吃同样的东西或许叫人受不了，虽说在极少数无法从食物中得到乐趣的人看来，听起来就像是天堂一般美妙。可一定的成规惯例挺好，它深化了我们对代代相传的日常简单食物的理解，还保护了我们，不让我们被疯狂、贪婪地追求下一种新口味的浪潮冲昏头脑。奥妙在于：不是随便地落入套路，为之所限，而是妥善选择，知道自己为什么遵循惯例，从而获得由此带来的丰富和解放。

12

慷慨撒上一撮盐

THE

VIRTUES

OF

THE

TABLE

几十年前，医疗机构告诉我们：人造黄油比黄油更健康；鸡蛋不好（会提高胆固醇水平）；应该使劲刷牙，尤其是喝完碳酸饮料之后。现在，我们知道，人造黄油里含有大量的氢化脂肪，鸡蛋中的胆固醇对血清胆固醇水平的影响微乎其微，喝完碳酸饮料后使劲刷牙会侵蚀牙齿珐琅质和牙龈。多亏了 20 世纪 70 年代的医学建议，我现在血管堵塞，牙龈萎缩，还错过了许多好吃的鸡蛋饼。

记者克林特·韦奇霍尔斯（Clint Witchalls）的上述抱怨，你大概经常听到。而且，你恐怕从没听谁说过，"官方健康饮食建议总是那么清晰、一致，我觉得非常合理。"可这种怀疑态度，跟我们文化中的另一股潮流居然并行不悖：我们总是不加批判地接受最新的健康时尚。比方说，碳水化合物对健康不好的论点，已经从时尚人士迅速扩散到主流人群，"低碳"成了许多产品的关键卖点——不管顾客是否打算减肥。号称能降低胆固醇的蔬菜，总是卖得飞快；如果标签上称产品里含有欧米茄油，必定能带动销量；只要有东西号称自己是富含营养的"超级食品"，一概大受欢迎。

专家之言勿轻信

我们的怀疑态度似乎很挑剔，但又缺乏足够的辨识力。那么，面对食品打出来的保健旗号，应该保持什么样的怀疑精神，怀疑到何种程度呢？

我不是健康专家，对该吃什么、不吃什么提不出信心满满的主张，但考虑到事关我们对"专家"应该保持多大程度的信任，也只好多有得罪了。首先不妨多支持专家一些。健康饮食的专业意见其实变化得并不多。举个例子，1933 年，英国医学协会建议，我们应该从蛋白质中获取 12% 的热量，从脂肪里获取 27% 的热量，从碳水化合物里获取 61% 的热量。而今天英国官方的饮食建议非常类似：10%~15% 的热量来自蛋白质，33% 来自脂肪，50%~55% 来自碳水化合物。世界卫生组织的建议弹性更大，10%~15% 来自蛋白质，15%~30% 来自脂肪，55%~75% 来自碳水化合物。

多吃水果、蔬菜和粗粮，避免摄入过多的饱和脂肪和精制碳水化合物等信息，多年来也基本上是一个样。如果出现前后不一致，只是因为每当有一项具体的研究表明正统意见可能在某个地方出了错，媒体们就一拥而上地说："科学家现在说，某某事物对你好（不好）！"科学家们其实很少说这样的话。他们差不多总是说："这是一个出乎意外的结果。需要更多的研究。"因此，最应该怀疑的不是健康专业人士，而是媒体。

如上所述，卫生机构也可能出错，一如它对人造黄油提出的可怕意见。

多年来保持一致、迄今大部分健康权威仍坚持的是：饱和脂肪是若干健康问题（如心脏疾病）的主要成因，而植物油里发现的单元及多元不饱和脂肪，对人更好。因此，人们应减少黄油摄入量，多吃植物为原料的人造黄油。从烹饪的角度看，这却是个错误。黄油之于人造黄油，就如同 2005 年的拉菲之于 1979 年的蓝仙姑。[①] 如果黄油真的对你不好，那么答案就是少吃些，涂薄些，但别换成什么人造黄油，后者的味道像是微咸的生理盐水，吃起来却又是一口黏糊糊的油。

事实证明，人造黄油对健康也不好。人造黄油的问题是，它们是用室温下呈液体状的脂肪制成的。为了维持能在面包上抹开的适当硬度，它们要接受一种名为氢化的工业处理。这改变了化学结构，造出了反式脂肪，如果有什么东西比自然的饱和脂肪更不健康，非它莫属。今天，几乎所有的蔬菜制抹酱里都不再含有反式脂肪。然而，人造黄油的惨败让我提高了戒心，所以，每当看到以橄榄油为原料的抹酱广告里出现快活的意大利老人，我绝不会这么想：就因为液体橄榄油是地中海饮食的一部分，所以固化的橄榄油抹酱就一定适合咱们英国人。走着瞧吧。或者这么说，让别人瞧去吧，我才不买。新上市的食物凡是包含经新方式处理过的健康成分，我也一概表示怀疑。

人造黄油的根本错误在于，只孤立地关注寥寥几点已知因素，就做出了健康宣示。在评估饮食与疾病关系的时候，这种只顾及某种关键营养成分的倾向同样会带来问题。近来围绕食盐展开的争议，就是一个很好的例子。降低钠盐摄入量的证据几乎已经得到普遍接受，制造商们减少加工食品里的含盐量，不少人吃饭时也尽量不额外加盐。表面上看，证据很清楚。盐会引起高血压，血压升高会带来较高的心血管疾病的发生率。证明完毕。可惜实情并非如此。

---

① 2005 年的拉菲是品质很好的正统葡萄酒，而 1979 年的蓝仙姑则是品质低劣的甜味酒，这里指人造黄油的味道跟真正的黄油没得比。——译者注

问题要从两方面来看。第一，高血压不是心血管疾病的唯一危险因素。因此，我们需要知道减少食盐摄入是否会增加其他疾病风险，增加多少，人体如何达成平衡也不完全清楚。《美国高血压杂志》(*The American Journal of Hypertension*) 编辑迈克尔·阿德尔曼医生（Michael Alderman）说："减少一半的钠摄入，也会加快交感神经活动，增加醛固酮的分泌，提高胰岛素抗药性，激活身体里的另一种酶系统，即肾素 - 血管紧张素系统。所有这些事情都是负面的，会提高心血管疾病发病的风险。减少钠摄入的健康效应，应该是上述所有因素的净影响。"

第二，心血管疾病不是唯一能害死你的，钠对维持身体正常运作很重要。所以，你真正希望知道的是，减少饮食中盐的摄入量是否能改善整体健康状况，这么做是否会提高其他疾病的风险。一些研究表明，平衡来看，减少盐摄入量整体而言不会减少健康风险。就算事实证明这些发现不实，整体观点仍然成立：仅仅因为某样东西降低了特定情况的风险，或减少了一种情况的一种风险因素，并不意味着它全面改善了健康、增加了预期寿命。谁也说不清，饮食变化带来的其他效应会不会抵消它的益处。所以，从经验来看：除非处在特别情况下，或是属于确定的高危人群，确实没有必要按照特定食物跟特定情况存在的一般性联系大幅改变饮食。

但要是确实属于高危人群怎么办呢？这种情况下的建议是"敢于求知"：自己寻找证据。有时候，证据的脆弱性会让你吃惊。这方面最明显的例子是健康体重，普遍认为身高体重指数（body mass index，简称 BMI）应该在 20~25 之间。你可以根据自己的体重和身高（再考虑性别与年龄因素）计算 BMI。它是身体脂肪比（这才是判断某人是否超重的最准确方式）的替代指数，但很不完善，因为，举例来说，健美运动员的 BMI 往往很高，尽管他们身体精干得就像是散养鸡的胸脯肉。如今又有人提出，腰围身高比是更加可靠的身体脂肪率指标。

虽说 BMI 不是一种适用于所有人的完美工具，但基本上，算得上是一个不错的健康指标。所以，你会认为，既然专家说 20~25 最为理想，那么相关的证据应该是很充分的。结果压根不是这么回事——甚至事实还恰好相反。

加拿大人做过一次大范围研究，如果根据 BMI 绘制一幅死亡率的图表，那么曲线将呈 U 型，超轻（BMI < 18.5）和超重（BMI > 35）者死亡率最高。你认为 U 型的谷底会出现在哪儿呢？ 22~23（刚好在 20~25 这个范围内）吗？错了。"略重（BMI 为 25~30），"研究者们得出结论，"跟死亡风险明显降低有着相关性。"换句话说，稍微超重的人很可能活得最长久。这不是一次偶然的发现，大数据分析也得出了相同的结论。就在我撰写本书时，《美国医学会杂志》（*The Journal of the American Medical Association*）又发表了一篇文章，再次确认了这个叫许多人难以相信的结论。

而且，局面还变得更糟糕了。现在的普遍共识是，除非你严重超标或不足，是否匀称比体重多少重要得多。良好的饮食吃得多而体重略微超标，说不定比错误的东西吃对量而维持理想体重更好。吃得好，爱运动，BMI 为 27 的人，一般而言比 BMI 稳定维持在 22，但久坐不动、只吃少许加工过的低热量食品的人更健康。此外，瘦弱的抽烟者或酒鬼，死亡率当然远比略微有点胖但生活方式健康的网球选手高得多。

这样的话，就很难避免得出如下结论：怀疑态度意味着别按表面意思听取专家意见。实践起来，这其实并不会让我们绝望。盐与黄油的例子里提到的整体建议，这里仍然适用。也就是说，如果你不是高风险人群（这里指特别肥胖或者体重太轻），没必要总操心要改变自己，去迎合标准的理想状态。

但如果你认为有风险，就自己去调查事实。这么做时，你始终要记得，凡是只观察一个变量而得出的建议，最好都小心些，再看一看研究是否还控制了其他变量。比如说，研究显示超重的人更容易中风，这或许是因为，你把人群分为 BMI 25 以上的，以及 BMI 25 以下的两类，而前一种人，往往包含了更多年纪更大、吃得不好或者不爱运动的人。除非这些变量也得到了控制，否则调查结果跟 BMI 本身其实没多大关系。

怀疑的悖论

营养学有一个讽刺的地方：我们越是发现营养有多么复杂，应用到吃上的原理就越是简单。我把这叫作"波伦悖论"，这个名字来自作家迈克尔·波伦，是他把饮食建议浓缩成了这样一句格言："吃，可别吃太多。多吃植物。"波伦意识到，许多复杂的建议都建立在一个狂妄的想法上：我们能够弄清每一种营养成分摄入多少可带来最佳的效果。只可惜人体这套系统我们根本就不怎么了解，尝试进行微观控制愚不可及。所以，只要用好食材、妥善烹饪就行了，其他则别担心太多。

对营养建议保持健康的怀疑态度，我的诀窍差不多同样简单，可以概括成三项原则：适度（moderation）、相关（interrelation）、证实（substantiation），简称 MIS。英语里有句老话叫"Don't MIS the point"（这里的 MIS 本来是"miss"，整句话的意思是"别错过重点"），你可以借助它来联想记忆。

首先是适度。只要别走极端，就不必太担心。就算有些事情真的对你好（或者不好），往往也只在特别过量或彻底不足的时候，才会对健康造成明显后果。如果有一种东西是数百年来人们都吃的自然食品，就算它对你没什么好处，适度地吃恐怕也没有太大害处。

其次是相关。除了吸烟等少数例外，很少有什么东西单独就能给我们带来特别大的帮助或妨碍。你不能把食物分解成若干组成部分——脂肪、矿物质、维生素、碳水化合物，等等——然后说，"这个好。那个坏。"食物不会害死我们，饮食会。你必须考察整体，包括它们彼此的组合方式，而不是只看具体的某个因素。

最后是证实。你不必毫无保留地接受别人的观点。自己核查事实并不像看起来那么难。只要寻找可靠的一手资料，别看那些只想着把读者吓死的小报，也别去各色阴谋论者、抑郁症患者和焦虑分子把东拉西扯来的信息牵强地说成是"公认"意见的网站。

或许，最重要的是怀疑态度本身的潜在性质。人们往往认为怀疑主义不好，把它跟玩世不恭相混淆。然而，我推荐的怀疑态度，其实是温和版的大卫·休谟。休谟意识到，如果你出于这样那样的理由把基于证据的信念推至极端，它最终一定会瓦解，所以，"对任何问题，都不能确信不疑。"但没人能这样生活。因此怀疑态度也需要有"制衡的砝码"，即"从感官和经验得出的更坚实、更自然的论据"。与其说这是常识，倒不如说它是经验反反复复告诉我们的事情。这些大多可以归纳成一般性的经验原则，比如天然食物往往比精加工食物更健康；又比如，要是社会已经建立了饮食传统，它基本上是合理的。这些不是绝对真理，都有着不相符的例外情况。但这里的关键是，不要把它们看成不可挑战的教条，而是将之与理性暗示成立，但很难加以检验的认识搭配使用。来自一般经验的合理怀疑与知识结合起来，"有些东西比其他东西的分量更重。头脑必须停留在二者之间的悬念当中。"

这是一种健康、也能很好为我们服务的怀疑态度，尽管应用到饮食上，并非绝对无误。它概括了怀疑主义最重要的形式：人人都会犯错误，哪怕最可靠的知识也可能并不成立。它也是遵循"敢于求知"精神带来的合乎逻辑的结果。如果敢于求知，你很快就会发现自己有很多东西不知道。你还会发现，要确定地判断何为真相，往往没有绝对稳妥的逻辑、科学或实验方法。实践智慧需要运用判断，所以归根结底，你对我们的理性力量、对我们的知识能力，都有了一定的怀疑看法。但这不是虚无主义的绝对怀疑，因为迄今为止的知性之旅已经向你表明，好坏论点之间，稳健推论与荒唐谬论之间，无知意见与合理信念之间，始终存在差距。故此，拥抱不确定性，不是要你走向绝望，而是要你更精确地校准自己的信念。如果你觉得，餐桌上无论如何还是应该有条铁板钉钉的真理，这里有一条笛卡尔的真知——我思，我乐，故我在。①

---

① 笛卡尔的名言"我思故我在"，英文为"I think therefore I am"。本书作者借用了这句话的形式，演化为"If I think I'm enjoying it, therefore I am"，直译的话应该是"如果我觉得我喜欢，我就存在"。——译者注

第三部分

人如其不食

Not Eating

你不吃的东西，
同样塑造了你这个人。

抵挡自助早餐的诱惑

　　我的人生经历里，最奇怪的事情大概要算我曾在亚历山大·麦考尔·史密斯（Alexander McCall Smith）的系列小说《星期天哲学俱乐部》（*The Sunday Philosophy Club*）里的两次客串亮相。一切始于我为《哲学家杂志》（*The Philosophers' Magazine*）对他进行采访。我们谈到了他对礼貌、尊重和诚实等日常道德问题的关注。在我们俩看来，道德哲学有失公平地忽视了它们，只聚焦于安乐死、全球贫困、战争和气候变化等大事上。我告诉他，如果我要给《应用伦理评论》（*The Review of Applied Ethics*）① 提交论文的话，会以日常琐事为题。"你为什么不给她写封信建议呢？"他问道，"说不定我下一本书里就把它放进去。"我自然恭敬不如从命了。

---

① 这是史密斯在小说里虚构的一份杂志，主人公伊莎贝尔·达尔豪西（Isabel Dalhousie）负责该杂志的编辑工作。

亲爱的达尔豪西女士：

我写这封信，是想看看你的期刊是否有意刊登一篇论文，名为《自助早餐的道德》。

我这篇论文的出发点来自平日里的观察：许多人认为偷偷从酒店提供的自助早餐里带出面包、奶酪当午餐的做法可以接受。其他人则认为这不仅不够礼貌，在某种意义上也不符合道德，尽管他们很明白，就算这真的有什么错，恐怕也是最微不足道的一个小错。

我感兴趣的问题是，人们对"认可"产生的这种感觉（有时甚至十分强烈）是不是有它的道理？如果有，为什么？我的观点是，我们把这类小错看成是整体道德态度的指示器，它们可能真的在道德上有着明显意义。比方说，偷偷夹带自助早餐的人，有一种最大化个人私利的不健康倾向，因为一点点的便宜他们都不肯放过，恰好暴露了他们的这种倾向。所以，这种微小的道德不检点揭示了更重要的性格缺陷。

如能听到您对这篇论文感兴趣，我深感荣幸。

此致，

敬礼！

朱利安·巴吉尼博士

果然，在《朋友、情人和巧克力》（*Friends, Lovers, Chocolate*）一书中，麦考尔·史密斯借用达尔豪西之手回了信。考虑到主题探讨的是小事的重要性，我竟然花了半年才来得及向他回信表示感谢，实在很丢脸。接着，麦考尔·史密斯又在《小心使用恭维话》（*The Careful Use of Compliments*）中让伊莎贝尔想起了我，邀我参加她的编辑委员会。

我欣然接受了邀请，因为我极度信任把日常琐事放在道德核心的项目，即我们怎样得体生活的问题。到目前为止，本书把焦点主要放在人际道德（第一部分）、利用理性和判断（第二部分）这两方面，展现饮食这一日常行为对道德的重要意义。然而，可以说，道德的核心远远更为个性化。它涉及我们的性格，我们做大大小小各种事情的方法，它反映了有利于良好生活的价值观和美德——既为我们，也为那些与我们有互动的人。

在日常生活中锻炼品格

性格（character）跟个性（personality）有关系，但又不一样。你的个性在很大程度上是由基因和环境的某种组合赋予的。人格特质一般而言是道德中立的。个性内向的人并不比外向的人更好，反之亦然。情绪更开放的人在行为上也不一定比那些情绪内敛的人更好。

相反，性格则是彻头彻尾地关乎道德。比如说，你是否慷慨，就是一个道德问题，它不单纯由你的个性决定。事实上，一个出于本能对个人所掌握的资源洒脱以待的人，如果在分配上不够明智，兴许还会成为慷慨的反面例子呢。

说性格事关道德，不是说它总有着清晰的道德维度。伦理涉及怎样生活得好的每一件事，道德关注的是我们如何对待他人，以及对他人的义务，这只是伦理的一个子集。举例来说，如果你在选择享乐时并未充分加以辨识（discriminate），这完全不会伤害到其他人，但削弱了你享有完整且美好生活的能力。从这个意义上看，辨识是伦理问题，但一般不是道德问题。

性格可以培养，而个性一般是稳定的，难以改变。举例来说，你的个性或许让你轻浮而冲动，但你可以培养性格，在对重要的事情采取行动之前多反思，多判断。着力培养自己性格的人知道，有些事情"我生来如此"，但他不会把这当成定论，不会把它当成随心所欲、怎么自然怎么来的借口。

亚里士多德在古希腊时就意识到，如果我们想要活得好，光是知道怎样对待他人，光是掌握推理和判断的正确用法，这还不够。我们必须打磨自己的性格，让自己变成自然而然能做正确之事的人。日常生活不光是最佳的锻炼途径，更是唯一的锻炼途径。你无法在偶尔出现的短时期里建立良好的习惯，而必须持续地加以培养。这就是为什么我们会说"周末性格塑造营"这套思路不合理。性格不能在 48 小时里确立，而要日复一日地建设。

既然如此，那么我们所做的每一件事，几乎都成了洞察道德的潜在来源。你怎样对待陌生人，你开车是礼貌还是自私，都体现了你自己的道德性格。什么人以多高的价格出售什么东西，公民对法律、传统、社会规范或宗教禁忌的尊重程度高下，什么样的享乐得到众人的认可或反感，反映了社会的道德结构。

平常生活里洞察道德的潜在场所数之不尽，而自助早餐是一个尤为丰富的反思主角。记得我曾参加过一家大型酒店主办的会议。那儿的自助餐，从很多角度来看，都是我们错误对待食物的一个缩影。它提供了大范围的选项，但在这一背景下，"更多"一般意味着"更糟"。除非使用最廉价的食材，才可能经济地纵容大肚食客们以低成本想吃多少就吃多少，想吃什么就吃什么；如若不然，他们会把利润吃个精光。

自助餐还带来了方便，什么东西你都能尽快吃到口。但所有的好食物都得花些时间（哪怕只是 10 分钟）来做。在热盘子里搁上半个小时，不会让任何熟食的味道变得更好。面对一锅灰乎乎的鸡肉糊糊，我甚至要问过别人才能确定这是"粥"。我还看到彻底干瘪的香肠，以及一盘盘边缘已经老得起了硬壳的炒蛋。

可就算是我们这些知道食物味道会变糟糕的人，在一定程度上也被丰盛的承诺给吸引了。"全都可以吃"对接了我们最原始的采集 - 捕猎进化冲动：趁着有机会，赶紧囤积热量，要不然明天就可能饿死。这就是为什么只要房价里包含了英式早餐（多为煎蛋、面包、培根等，需要即时制作）和欧式早餐（多是现成的食物，如糕点等），大多数房客会两样都吃，不管最后吃得有多胀。事实上，在很多人看来，付得起酒店或家庭旅店的费用算不上什么壮举，而吃完早餐之后胀得几乎走不动路，却是莫大的恭维呢。就这些方面而言，自助早餐暴露了现代食品采购的所有恶习。选择多、数量大和方便性胜过了质量，营造出有价值的幻觉，实际上却未能体会到食物的真正价值。

不管现做早餐有多么棒，也无论它如何供应，选择现做早餐和欧式早餐的顺序同样暴露出了人们的心性。点罢现做早餐之后，客人们几乎总是来到欧式早餐自选区，等候热食的到来。可为什么呢？一般来说，人先吃咸食再吃甜食，可早餐时，人却先吃含糖谷类和糕点再吃鸡蛋和肉。再说，你并不知道点好的热早餐有多大份。因此，等早餐上了桌之后再决定额外补充多少更加合乎情理。可是，不，人们不等现做早餐上桌，就蜂拥到自助冷餐柜台前。哪怕酒店的自助餐里带热食，哪怕没有任何人规定进食的顺序，大多数人仍然选择先吃冷盘。

我想，所有这一切反映出对待饮食过分强调功能性的独特的盎格鲁 - 撒克逊式态度，也就是说，不肯在进食上多花时间。等候热食时先填些冷食，这才能更有效地利用时间，哪怕这意味着要猜自己吃多少就够，并颠倒平常先咸后甜的进食习惯。方便再次压倒一切，甚至压倒了感觉舒适的欲望。若非如此，我怎么也理解不了这一点。对人们为什么要以该顺序吃早餐，至今我都没听到过其他说得过去的理由。

怎样吃才合乎伦理?

我已经养成了先吃热食、吃完之后再决定是否补充点什么的习惯。这样一来，知道吃下的食物并不好却胀得只能松开皮带扣才好受些的早晨，一去不复返了。由于我在这方面的表现太过与众不同，一位家庭旅馆的店主告诉我，自从经营这家店以来，他们还没见过哪位客人是先吃热食再吃冷餐的。我们是多么容易不假思索地遵循惯例，这就是个叫人惊心的提醒。

最后回到我在写给伊莎贝尔·达尔豪西的信里提出的议题。很多人不认为那样做有什么问题。反正自助餐总会有那么多东西要浪费，带一些走又有什么错呢？规模很小的酒店或许不会直接扔掉你没吃的东西，但这并不是问题的关键所在。依照纯粹功利主义的算计，我认同这其实没什么错：总的来说，直接结果甚至是好的，因为偷偷摸摸带走食物带来的益处，远比它招致的代价（就算有，也几乎可以忽略不计）要大。不过，光从纯粹的道德角度思考太局限了。我们还需要想到，行动和态度塑造了自己这个人。

从自助早餐里偷窃，我担心的是，我们会给自己培养出一种远离魅力的性格：贪图小便宜，不诚实，挑三拣四，过度关注微不足道的物质奖励。把自利的雷达一直开着，时刻准备攫取机会，这不会让我们变成更好的人。基于这些理由采取行动，我们或许不会伤害别人，但我们伤害了自己，我们把焦点放在琐碎的收益上，人变得猥琐了。

亚里士多德表达过上述的论点。如前所述，他的主要想法是，培养良好的行为，会让我们变成优秀的人。考虑到表现英勇壮举或可怕恶行的机会都不多，我们只能以无数小而平凡的方式行善，让自己变成好人。对此我基本上认同，但还需补充两点重要的注意事项。

第一，心理学研究表明，性格特征受环境的影响很大。比方说，有些平时很和善的人，陷入麻烦时兴许会非常自私，以自我为中心。同样，在自助早餐上严守规矩的人，不见得更能抵挡大诱惑。所以，这里的观点不在于小事做得对就能保证我们变成好人，而是它起码有所助益。只要我们经常反省自己为什么要继续按照习惯去做，习惯就能变成一种提醒，让我们牢记自己想要坚守的美德。

第二点要注意的是，尽管在道德伦理上，日常行为能够以小观大，见微知著，但两者的转换其实相当棘手。比方说，偷带自助早餐的人，或许其动机来自可敬的节俭、对浪费的反感，又或者，他一丝一毫也没意识到私自带走东西会引发什么道德问题。我们不应该看到别人做了一两件我们眼中的错误小事，就对他们妄下道德败坏的结论。毕竟，对他人的负面性格特征过度解读，也不是什么该日常培养的小习惯。

实际上，偷偷夹带自助早餐根本没有必要，因为通常，诚实些也能实现相同的结果。在小旅馆，如果餐点真的有剩余，你问能不能带些走，他们一般都会答应你。当然，在大型连锁饭店，有可能他们会按照公司的政策做，浪费相当多的东西。在这种情况下，手脚灵敏地夹带私藏或许不算错——但我也说不准。

不管怎么说，核心在于：我们在自助早餐上的行为表现事关道德，不是因为它代表了展示善举恶行的机会，而是因为它是我们日常培养美德或造成恶习的诸多小机会之一。关注看似微不足道的小行为，你往往会发现它背后隐含着一些更大、更重要的东西：性格。

14

减肥的自控力

"别不承认啦，朱尔斯。"录音师说得没错。（"朱尔斯"是我的昵称。）他把微型扩音器别在我腰上时，发现我的肚子大过了裤子。我不想再买更大号的裤子，也不想再让皮带多松一扣，但我决定牺牲着装的舒适性，而不是节食。我的腰围逐渐走高已经好些年了，先是涨了几毫米，接着涨了几厘米，接着又涨了好几寸。我希望阻止它继续恶化，免得变成严重的健康问题。所以，我不得不去做看似不可避免的事情：减肥。

半年之内，我轻了 13 公斤多。我现在觉得这是一场灾难，原因下一章再解释。然而，这并不完全是浪费时间。我从锻炼里得到了一些有关意志力的宝贵教训。从某些方面说，我更喜欢"自控"这个说法，因为意志力暗示"意志"是一种我们召之即来的特殊东西，但其实并没有这样的东西。不过，总的来说，意志力最清晰地表达了我在这一语境下的意思：有能力去做你下定决心要做的事情，哪怕是在你不想做的时候。

大多数节食者似乎缺乏这种能力。有人因为数千次小小的违规而迷了路。例如，他们会尽职尽责地称量早餐的谷物，但同时额外多吃了一两勺，还打趣说，这不算数。晚餐他们或许按照规定执行，但又觉得自己这么辛苦理应得到奖励，于是多喝了一杯酒。还有人以更极端的形式落了马。上午才过了一半，节食者却吃了一整块巧克力，甚至两块。因为感到愧疚，他们会放弃午餐，结果半下午的时候又饿了，再次狂欢着吃了富含热量的零食。还有的人没过上多久就彻底甩开了束缚，连续几天甚至几个星期爱吃什么就吃什么，想什么时候吃就什么时候吃。

为什么我们往往缺乏决心呢？很多时候似乎可以归结为冲动控制的问题：你兴许真的、真的很想减肥，但面对巧克力布朗尼的诱惑，欲望在那一两分钟里压过了决心，减肥目标因此被击败。幼儿实验表明，哪怕是在非常小的年纪，有些人也能比其他人更好地抵抗或推迟即刻满足。这一点比减肥重要得多：事实证明，良好的自控能力，是预测学业和事业成功的准确指标。心理学家安吉拉·李·杜克沃斯（Angela Lee Duckworth）和马丁·塞利格曼（Martin Seligman）做了实验，表明延迟满足的能力，相比智力更能准确地预测学习成绩（但并不清楚这到底是不是成功的原因）。

自控力

具备自控力的人和不具备的人，是什么造就了他们的区别呢？脑部扫描当然能显示大脑兴奋区域的不同，但这并不必然意味着这种不同全来自生物因素。如果我让弗雷德想一幅画，而让朱迪想一支曲子，他们的脑部扫描肯定会显示不同的模式，但很明显，他们的思考之所以不同，我的指示是主要的原因，而非因为大脑内部构造有什么不同。的确有人缺乏克制冲动的神经回路，但这些人是极少数，而非总人口里的典型。

关键似乎是我们能对自己的思维展开多少思考，即所谓的"元认知"。在一场经典实验中，和立刻吃掉棉花糖的孩子相比，抵挡住诱惑的孩子并不是不想吃，只不过，他们能够分心不去想这事儿，而去想些其他的东西。

我自己的情况就真正体现了元认知的重要性。我真心喜欢食物，真的。要是你以为我成功坚持节食的原因是我不受诱惑，那你可不太了解我了。我能抵挡住诱惑，部分是因为一种名为"经全盘考虑做出判断"的元认知。很多人没能坚守决心，原因在于他们以为自己有清晰的目标，实际上却想得不够清楚，而且比他们自以为的更矛盾。举例来说，他们觉得自己非常确定以及肯定，决不吃任何甜食；但他们没有完全考虑到自己同样以为，吃一块蛋糕也不会怎么样，又或者是相信人不要对自己太苛刻，给自己一些奖励是很好的手段。所以，面对诱惑的时候，这些理由就为"管它呢，吃吧"奠定了心理基础。

这也道出了成瘾研究领域中的"明线规则"的重要性。所谓明线，也就是绝对不能越过的限制，哪怕脚趾头也不能跨过去。明线的重要性在于消除自由裁量。一旦你纵容自己进行选择，薄弱的意志跟自欺欺人就可能结成联盟。以"别喝太多"的规则为例。"太多"指的是多少？一杯都不喝了？不如喝了这一杯再说？你看得出这是怎么回事。太多的蛋糕也一样。再来点儿？连续三天都再来点儿？

有了明线，事情更容易，因为你确切地知道你必须怎么做，不用再自己思考了。今天不喝酒，一目了然。如果有人递给你一杯酒，你知道坚持自己意图的方法只有一个：拒绝。

当然，这也有问题。首先，如果你不是真心相信明线非常关键，碰到瘾头来了，你或许乐意越界。举个例子，如果你不觉得再喝一杯酒有什么大不了的，那么明线恐怕阻挡不了你再喝上一杯。所以，光是划出一条明线还不够，你必须全心全意地尊重它。

另一个重要的问题在于，明线是否太过严格。想减肥不是什么关乎生死的大事，要是在任何出现美味食物的地方，你都死死地牢记"不能越界"，生活就太可悲、太幽闭了。

那么，你要怎么才能划出一条管用的明线呢？首先，要记住，明线其实往往划得挺随意。以戒烟的念头为例。只要你抽了烟，抽多少就无关紧要了。那么到底这一支烟还是下一支是最后一支，毫无区别。如果你每次抽烟都要决定该不该抽，你永远也戒不了。你必须意识到，决定哪一支烟是最后一支，这随便你，可总得有一支是最后一支。接下来，你随便选一支，坚持到底即可。

减肥也差不多。你喝了多少饮料、吃了多少蛋糕，并不重要。你在某顿饭里是否使用了油，并不能决定你最终减肥成功还是不成功。个别的选择小得微不足道，但为了避免微不足道的小选择积累起来败坏大局，你需要说："这些是规矩，我坚决遵守。"单独来看，每一个选择都是随便定下来的，可你不能让自己在每件事上都使用自由裁量权，因为只有这样，计划才能成功。

不过，要是你违规了，不妨回想这些禁令的性质：它们是随意定下的。你大可以告诉自己，"没关系，只要我不再犯就行。"这么做完全没问题。遗憾的是，人们往往觉得规矩必须遵守，违规一次就算破戒，所以他们很可能自暴自弃——一抽烟，就抽完了一整包；一喝酒，就喝完了一整瓶；一吃蛋糕，就吃完了一整块。

冲动冲浪

除了明线的概念，成瘾研究还带给我们另一种锻炼意志力的技术：冲动冲浪（urge surfing）。我发现，虽说有些技巧可削弱因减肥产生的饥饿感，但要想完全避免却没什么可靠的途径。节食中固然没有"自由跳跃式午餐"这种东西，但你可以把饥饿诱发的冲动给"顶过去"。我第一次这么做完全出于偶然。我出差去开会，途中饿得厉害，我觉得必须吃根香蕉才行。但我并没有随身带着香蕉，等有机会买香蕉时，饥饿的感觉已经略微好转，而且离午餐时间也不远了，所以我就没吃。过了几天，又发生了类似的事情，我意识到：有时候你能驾驭欲望，安然通过。得不到满足的欲望，往往会消散开来。

从那时起，我一直在冲动冲浪。这不是说饿了永远不为所动，而是说，给它一个自我舒缓平复的机会。如果饥饿感不消退怎么办？备用解药是正念冥想。用在节食上，正念冥想就是以一种超脱的方式观察自己的饥饿感。冒出"我饿了"的念头时，你体验到的往往不只是一个念头，它隐含有"该做点什么"的推论。我们的挑战是，让这个念头成为单纯的念头。"我饿了。"很好！你的观点是什么？什么观点也没有！我就是饿了。饿了没什么。人能习惯很多种慢性疼痛呢。听起来很明显嘛，这就好像，每当你觉得有点亢奋的时候，你不一定非得激情一番；每当你觉得饿了，也不一定总需要吃上一顿。接受这一点（真正地接受它，相信它），能带来很大的不同。

心理学中有关自控最重要的一课大概是，意愿发挥的作用相对有限，有时甚至会适得其反。这一观点，在对食欲的研究中反复出现。我跟三名顶尖的研究人员就适度午餐问题做过讨论，他们分别是来自布里斯托尔大学的杰夫·布兰斯特罗姆（Jeff Brunstrom）、彼得·罗杰斯（Peter Rogers）和夏洛特·哈德曼（Charlotte Hardman）。"从心理学的角度看，说施加控制必须有意识,这不对。"布兰斯特罗姆告诉我,的确存在"努力的蓄意认知"(effortful deliberative cognition),"我们跟自己的食欲缠斗角力,直到我们近乎违反个人意志地决定,不再吃了"。但他认为,"以为我们不这么做的时候,就是缺乏认知控制",或者"认为自动行为不好,有意识控制才好",都是错的。就拿开车来说吧。毫无疑问,你控制着汽车。但在任一给定时刻,你往往对自己在做什么并无自觉,可如果由此得出结论说你的思维没有参与该任务,那就太可笑了。

具体到食欲和饮食,布兰斯特罗姆和其他人发现,"参与节食的能力(有意识地控制摄入量)和低 BMI 值之间并没有密切的联系,甚至可以说存在相反的联系:参与节食的人,往往更重。"为什么会这样尚不完全清楚,但布兰斯特罗姆的同事彼得·罗杰斯的研究表明,持续参与努力进行限制的精神活动,会导致认知功能的退化。这也就是说,你在一种精神活动上投入的精力太多,无暇再顾及其他活动了。这暗示,尽管元认知对一次性诱惑的冲动控制有作用,把它作为中长期策略恐怕行不通。

事实还证明,我们自己判断的"够了",跟食物对我们的实际影响没有太大的关系。"一般而言,一顿饭跟你的最大胃容量差得很远,"罗杰斯说,"所以身体感觉的变化相对较小。"这就是为什么如果失忆症患者很快忘了自己已经吃过饭,会欣然再来上一顿。"他们并不觉得胀,"布兰斯特罗姆说,"他们只是觉得不舒服。"同样的,如果给人们一碗汤,但盛汤的碗底经过特别设计,偷偷开了一个孔,不停地往碗里添汤,人们会喝下比平常多得多的汤,因为在他们的认知里,这无非就是一碗汤嘛。

诸如此类例子中发生的情况,就是布兰斯特罗姆所说的"来自肠胃的反馈微调",它的建立基础,有可能是你过去吃过什么的记忆,你觉得自己吃多少才饱的信念,以及你对自己胃口有多大的感知。好消息是,如果你想控制自己吃的东西，那么你可以采取各种办法来影响这些因素，拉动胃口的无意识杠杆。最简单的方法是规划。一般而言，端到面前的是什么东西，人们就吃什么，只要这东西不是太少，吃完也就满足了。烹饪或订购适当的份量，你就不太可能吃过头了。你需要对付的是自然进化出来的"追求稳妥"倾向，也就是说，宁可多，不愿少。这就带来了我所说的"开胃菜悖论"：在点开胃菜时，人们几乎总是自问："够了吗？"然后为以防万一又多点了一盘菜。不过，这是一种很少见的情况，毕竟，在餐馆里，点不够菜其实完全没问题，因为万一真的不够，你总可以随后再点。这里我们应当内化的小小规则，是你在自问"够了吗"的时候，一定要有"已经够了"的信心，因为你知道，就算真的不够，也总可以再吃点别的。

吃的时候身心合一

注意力也很重要。人分心的时候吃得更多，不管这是因为桌子边坐的人多，吃饭的人多，还是因为电视节目太精彩。有鉴于此，布里亚-萨瓦兰说得好："美食主义是放纵的敌人。"因为人贪吃往往是脑子想着别的事情，面前有什么就吃什么。同样，哲学家巴里·史密斯（Barry Smith）告诉我："饮食无度的人，一般无法从食物中获得足够的满足和愉悦，所以不停地寻找满足。他们总想着'这个不管用。所以再给我来一份甜甜圈'。"

你觉得自己吃多少才饱，也会影响到你吃多少。这就是为什么建议使用小盘子——如果你用大盘子的话，同等分量的食物就显得更少。布兰斯特罗姆等人还揭示了膳食的描述方式会对饱足感产生影响。如果人们真心相信玛莎百货"维持饱腹感更长时间"柜台卖的东西真能更长时间地维持饱腹感，那么，不管实情怎样，他们就是能更长时间不觉得饿。

所有这些研究都强调：人是心灵和身体、有意识思维和无意识过程并重的动物，只在一定程度上可以人为分开。不夸张地说，我们完全可以用肚子思考，因为人的肠胃里有大约 1 亿个神经元，叫作"肠道神经系统"，一些研究人员甚至称之为人的"第二大脑"，它影响着我们的思考和感觉方式。布兰斯特罗姆还说，把人的心理和生理视为两套不同的系统是毫无帮助的，"必须把人当成整体"。

因此，意志力是多方面的、复杂的。然而，有越来越多的人寄望于通过医疗干预来减轻体重。这主要是减肥手术，它涵盖了一系列的流程，主要分为两种类型。第一种的目标是人为增大吸收障碍，也就是说，不让身体正常消化食物，让大部分的食物以无法处理的废弃物形式排泄出去。胃分流术（也叫胃绕道手术）之后就会这样。第二种是捆扎胃部，或将胃带等物置入，缩小胃的体积。

研究人员发现，接受此类手术之后的 12 个月，患者平均减掉了 58% 的多余体重，高血压、血脂异常、Ⅱ 型糖尿病和睡眠呼吸暂停等症状亦有改善。但如果你意识到，这些为减肥手术平反的说法来自英国减重手术注册医师（National Bariatric Surgery Registry）组织，它们听上去就没那么美好了。不管怎么说，该研究的数据来自 86 家医院，看似采样广泛，站得住脚。

一名医生在行业杂志《脉搏》（Pulse）的网站上发表评论，表达了人们对这类新闻的普遍想法："我有个更好的设想，而且我能够证明它管用。少吃，多动……这遗憾地反映了当今社会日渐增强的习得性无助感——人们不为自己的健康负责。肥胖其实是没有借口的。"

他说到了点子上。虽然我们也必须记住，有极少数肥胖人士确实存在真正的生理问题，可我们不应当忽视过度进食的心理原因。许多人抑郁或压力过大时，体重都会增加，让这些人克制进食一般不会有效果。但有一点是确凿无疑的：大部分体重严重超标的人都是因为缺乏自控，吃得太多。

不管肥胖的成因是什么，为什么说到用手术治疗肥胖，有这么多人觉得愤怒呢？为什么人们觉得减肥只应该依靠意志力？显然，并没有哪条一般性的原则规定，任何削弱我们对意志力依赖感的事情都不能做。我们或许会佩服那些单纯依靠坚定的决心戒掉毒瘾的人，但要是真有能减少人对毒品渴望的药物，我们·般也会觉得天经地义，应该服用。对尝试减肥的人，我们会建议，别买太多诱人的食物。如果有人在冰箱里塞满蛋糕和奶酪考验自己的意志力极限，我们会觉得他太蠢，至少是不聪明。那么，减肥外科手术减少了人对意志力的依赖，为什么我们却表示反对呢？

几乎找不出什么好的回答。没错，把外科手术当成减肥的第一选择，肯定是错的。我们希望鼓励人吃得健康，而手术又总有风险。面对超重问题，没有谁会严肃地把减肥手术作为第一选择。对于严重肥胖的人，外科手术的效力是得到验证的。如果手术能帮助他们减少长期肥胖带来的健康问题，似乎是件挺好的事情。如果施展意志力的所有意义就在于，坚决去做哪怕你倾向于不做的事情，那么，改变你的倾向，似乎也能合理地实现相同的结果。[①]

意志力不见得总是自控的最佳形式，但它仍不失为我们应当赞许的一种能力。就算你唯一的动机就是追求享乐，若能够施展一定的克制措施，往往也能获得更多的愉悦。最明显的一点是，带有严重消极后果的愉悦行为，并不有利于中长期的幸福。聪明的享乐主义者会把未来的痛苦和快乐考虑在内，而不仅仅只看眼前。

就算放纵没有造成长期危害，仍有可能存在经济学家称之为机会成本的东西：另外的选择或许能带来更多的好处，放纵就造成了损失。克尔凯郭尔

———————
① 即以前要靠意志力去做不愿做的事情，但如果你愿意去做这件事了，也就无须意志力的强迫了。——译者注

在《诱惑者日记》(*Diary of a Seducer*)里对此做了精彩的刻画。诱惑者是活在克尔凯郭尔所谓"审美领域"里的人的缩影。他一生致力于即时的、瞬间的快感，但作为感官世界的鉴赏家，他懂得，最好的此类时刻需要准备，现在享受更多的愉悦，可能会妨碍中期得到更大的快感。他可以轻松地找妓女或者跟他一样放荡的人解决欲望，但他总是因为引诱更有难度的人而使快感倍加甜蜜。我要指出的是，克尔凯郭尔并不提倡这样的生活。归根结底，他认为，活在愉悦的当下，只能满足我们受困于此刻的部分本性，但我们有另一部分本性，愉悦会随着时间推移而延长。但他的叙述确实说明，对感受到的欲望立刻采取行动，并不能达到审美体验的高度。意志力不光对修道者有用，对审美家也是有用的。

当然，愉悦不是延时越久越大这么简单。相反，对于每一种愉悦，我们都要权衡延迟与满足带来的好处。以蛋糕为例。天天吃，（对大多数人来说）它就不再是美妙的享受了；但这不是说，你一个月只吃一次，就能从中获得30倍的满足感。我认为我每个星期吃两三次所获得的享乐价值最大，只可惜对我的生活方式和新陈代谢速度来说，每周吃两三次也太多了。

说了这么多，我们应该仔细区分延迟满足和否认满足。不对欲望采取行动的欲望，会演变成清教徒式的信念：所有世俗快乐都是某种干扰或陷阱。我们并不想成为亚西西的方济各①，按传记所说，他认为："满足需求又不屈从于享乐是不可能的。"有极少的情况，他允许自己"吃熟食"，但也会"混入灰烬，或用冷水泯灭其香味"。在我看来，自我控制并不是要避免享乐的邪恶诱惑，相反，它是让自己得到更深刻享受的途径，但也要记住，人活着不只是为了享乐。

---

① Francis of Assisi，动物、商人、天主教教会运动、美国旧金山市以及自然环境的守护圣人，也是方济各会的创办者。——译者注

当然，我在减肥期间对意志力怎样发挥作用学到了很多，靠着划定清晰的明线，进行全面判断，对饥饿保持主动意识，实践冲动冲浪，足以达成我的目标：我坚持了计划，并且提前减到了目标体重。只可惜，这场得来不易的胜利竟然得不偿失。我成功地坚持执行了一套最终不成功的计划。

不反弹的意志力

　　每当有人来恭喜我减肥成功后修长的身形，我都提醒他们，也提醒自己，减肥是相对而言容易的部分，真正难的是保持。成功节食减掉大量体重的人，几乎个个在一年内就出现反弹，好些人最后还变得比减肥之前更重了。珍妮特·富山（Janet Tomiyama）参与撰写了加州大学洛杉矶分校对 31 项长期节食研究的分析，得出了一个令人丧气的结论："预测未来 4 年体重增加准确度最高的指标是：受试者在研究开始前一年里靠节食减了肥。"

　　当然，我并非真心认为自己会变成其中一个重蹈覆辙的倒霉鬼。至少，我下定决心，不让之前的辛勤努力付之流水。但在本书撰写期间，也即减肥 18 个月之后，我的体重多多少少恢复了原样（但腰围却没有，挺奇怪）。可这还不是整个经历中最震撼人心的方面。

过去几年，我发现自己身上出现了一些没法引以为傲的改变。饥饿感和能量不足，日复一日地严重影响着我的情绪。我能找到的最准确描述就是"急性子"：能量短缺，耐心短缺，脾气暴躁，对人失礼。因为我的血液里经常缺乏糖分，这一切应该并不让人惊讶。这使我的伴侣很不幸，因为我大多是在家里发作。她太了解我了，她知道，"疲倦 × 饥饿 = 暴躁 + 易怒"简直是不可抵挡的自然规律，所以，减肥更频繁地暴露出我最糟糕的一面，倒也不是什么惊人的新发现。

或许，更令人不安的地方是，我偶尔会对外表现出来。我发现自己排队时特别容易冒火，哪怕为我提供服务的人根本没错。我在人群里推推挤挤，哪怕其他人也跟我一样卡在队伍里。最糟糕的是，我还曾在汽车推销活动上，朝着好管闲事指点我们的妇女比中指。我本想藏在车门后头这么做，避开人们的视线，但我敢肯定她看见了。真是丢脸又可怜。

我还发现，自己在讨论里态度更强硬，对时间安排上的失误更不耐烦了。"节食让这些缺点变得更明显、更尖锐，发作得更频繁。但它们其实一直就存在。"我当时在日记里这么写，"我希望，我已经受到刺激要解决它们，等节食结束之后，我会做些事情来改善性格。"

你可能会笑我。表面上我虚心接受缺点，实则轻率地以为自己能够轻易纠正。节食结束并不意味着立刻回到从前更平静的自我，更何况要创造一个全新的、改善的自我。我捡起的是并未完全摆脱的坏习惯。减肥暴露的无非是一个比正常情况略微夸张的我而已。我亲眼见证了"饥饿的真理"（fames Veritas），这绝不是什么值得恭维的话。

要明白很多事其实无法控制

当然，我的许多缺点只是一般人都会有的不足，这一事实带给我些许的宽慰。比如，心理学家发现了一种叫作"自我损耗"（ego depletion）的现象。意志力的供给似乎是有限的，所以，如果我们把它用到了一件事上，那么能用在其他事情上的意志力就很少甚至没有了。这就是为什么你不应该同时做两件需要耗费大量意志力的事情。我在下午非常善于接受并留意自己的饥饿感，可要是碰到晚饭推迟了，立刻会没耐心，原因大概也在这儿。

减肥从方方面面让我意识到，我受自己无力控制的生物化学过程所摆布，以上只是其中的表现之一。再举一个例子，心理学家还揭示，我们的坚持力，在很大程度上取决于血糖水平。所以，节食者碰到了一种本能带来的邪恶的把戏：越是吃得少，就越难抵挡多吃的诱惑。

我觉察到自己的精神状态是多么依赖于身体状态。出于以下几个原因，我感到很不安。首先，这有力地提醒我们，不管一个人多么努力地想过精神生活，甚至灵性生活，始终基本上是动物性的。我们是好是坏取决于很多因素，但到了某些点上，这些因素无非是生理因素以特定的方式起作用。你或许会说，我身上出现的变化并不严重，我的表述可能太过夸张。恰恰相反，自身情况最让我感到困扰的地方是：如果光是少吃一点就能明显地改变我的行为方式，更严重的身体失衡会让人变成什么样？你或许以为杰拉尔丁先生比杰拉尔德先生更和善，但说不定，这只是因为杰拉尔丁先生的身体为温和的情绪提供了更适宜的环境，而杰拉尔德先生的身体却制造着情绪骚动。

这就引出了我们自由意志的程度问题。自由意志是一个出了名的棘手问题，但我们可以把这个深奥的形而上学问题换一个说法：归根结底，我们的所做所为，到底是不是由作用于大脑和身体、超乎我们控制的生理原因造成的后果？当然了，不管我们在这个意义上是否"最终"自由，自由地按自己所做的决定采取行动，跟受他人强迫、违背自己意志采取行动，仍然是不同的。同样，清醒状态下的选择，跟受强力药物影响所做出的行为，也是不同的。

从某种意义上说，人的行为的确是作用于大脑和身体、超乎我们控制的生理原因造成的后果。但我的减肥经历和我读到的心理学研究引发了另一种担心：区别并不像表面上那么明确。兴许，有很多选择和行动（比我们想象中多得多）其实无非是血液里无形进程带来的直接结果。我们是激素和血糖的傀儡，一如醉鬼是酒精的傀儡，瘾君子是毒品的傀儡。只有当我们的身体发生化学变化，我们才能注意到这一点。但如果说，我之所以"急性子"，是因为我的身体暂时"短缺"，那么，我通常并不"急性子"，只是因为我的身体一般而言不"短缺"吗？[①] 一个大部分时间都烦躁的人，不见得比我更糟糕——只不过，他们平常拥有的身体系统，我只在节食中和节食后才切换过去。

这里有一个潜在的安慰的想法。我说过，有缺点并不是说我完全失控了。我能在一定程度上自我克制，道歉，并进行调整。或许，这就是自由意志（因为没有更好的名字，姑且用之）的真意。我们太爱责备自己即刻的自动感受、思考和行动。也许你会情不自禁地幸灾乐祸、感到不屑或者羡慕，但你可以选择是否为之采取行动，也能选择将来如何行动以限制或减少这种感觉。矛盾的是，为了给予更多的此类控制，你往往必须接受许多你无法控制的事情。自由意志的着眼点，不在于我们第一次就把事情做对（或做错）的能力，而是在于我们自我纠正的能力。

看到自己最糟糕的一面，意识到自己抵挡小小的生化变化何等无力，面对并承认自由意志的局限性——我忍气吞声，难怪腰围又大了不少。最叫人沮丧的是，刚开始减肥的时候，我是何等欠缺自知自明啊。要是我能预见到这一切，我一定根据这些基本原则来制订我的饮食方案。

————————

① 原文中"急性子"和"短缺"都用的是"short"这个词。——译者注

关于减肥基本的认识是，大多数节食者减重之后又反弹的原因在于，人们在减肥期间做的事情跟之后做的事情连续性不够强。要让减肥管用，就必须持之以恒地保持轻盈。亚里士多德应该懂得这一点。他主张，光知道规则还不够，因为人是习惯的动物，面对每一次的选择，不是总能停下来思考怎样做才正确。

节食一般会从两个方面跟习惯格格不入。开始节食之后，你需要从根本上改变之前每一天的饮食内容。所以，严格坚持新的饮食方案很辛苦。而停止减肥之后，你又会回到跟节食期间不一样的饮食方式。这也就是说，你从减肥中学到的经验，几乎无助于保持体重。

一些节食者意识到了这一点，尝试加以解决。这些人主张改变余生的饮食方式，但这最终往往沦为不切实际的要求，尤其如果你是个喜欢食物、爱享受生活的人。举个例子，糖指数饮食法（GI diet）标注的红灯食物（也就是你应当永远避免的东西）包括奶酪、全脂酸奶、硬面包圈、面粉团、披萨饼、西瓜、玉米饼，每天饮酒亦不得超过一杯。我很抱歉，但这真的做不到呀。类似的，我敢肯定，如我所写的那些受许多人推崇的各种断食风尚（即每周有 1~3 天严格限制热量摄入，甚至什么也不吃），没有谁能够在余生贯彻到底。

谦卑面对身体

因此，节食者的核心原则很简单：不改变饮食本身，但要在饮食中做出改变。一开始先调整你通常所吃的东西。最简单的做法是减少额外的热量，如酒精、蛋糕和甜点。我说减少，而非完全不吃，因为减肥是要花时间的，指望爱喝葡萄酒爱吃蛋糕的人六个多月里完全不碰它们太不现实了。

我至今坚信这条原则是对的，只是我的执行完全错误。虽然我并没有从根本上改变所吃的东西，但节食期和正常生活之间的进食量却差异太大。5 个月减掉 13 公斤，听起来很不错，但渐进式减肥始终是节食的金科玉律，因为这样持续性更强。我把自己搞得一塌糊涂，不光心理上有了问题，身体上可能也碰了壁。除了带来脾性上的负面变化，它还让我对下一顿饭产生了过度的迷恋。所以，即使节食期结束之后，我也继续保持着"什么时候该吃下一顿饭"的饥饿心态。这跟心里有数的健康心态大为不同，后者一般是："我想在什么时候吃下一顿饭呢？"就在写下这些文字的时候，我还在努力调整习惯性的态度，我本来挺乐意说自己成功取得了一定的进展——但回想减肥时我也说过类似的话（我本以为减肥带来的变化是件好事），遂打消此念。

5 个月里大幅降低热量摄入会带来一些对节食期结束后完全无益的新陈代谢和激素变化，相关证据似乎非常充分。如果我们的身体得不到足够的食物，它会找到减缓消耗的办法，从而也就减少了对食物的需求。最近有研究总结说："限制热量摄入带来了急剧的代偿性改变，包括能量支出上的大幅减少。"就算你不再节食，这些变化也会持续下去，"对减肥后试图维持体重的人来说，在未来一年多的时间里，每日能量支出仍不成比例地走低。"所以，节食期结束之后，要是你重新按过去能维持稳定体重的份量进食，你会长胖。同一项研究还发现：调节食欲的激素也脱离了良好状态，让你变得想吃比需要的量更多的东西，这种变化的持续期同样会延续到节食结束一年以后。我相信自己身上肯定出现了这样的变化，因为我绝对没有回归原有习惯，但体重还是比以前增长得更快了。过去 10 年，我一直小幅饮食过量，总共长了 10 公斤左右；可减肥之后仅仅一年，我吃的分明比以前少，10 公斤却原样不动地回到了身上。

甚至，就连逐渐减轻体重，长期而言恐怕都不管用。许多研究人员都发现了证据，认为人体是一种自我平衡的系统，它会调节热量摄入，保持稳定体重，这套系统是基因与环境结合而成，主要以童年经历为依据。对此，最直观可信的一项证据是，饮食超标和不足之间的差别非常小，不大可能是有意识选择的结果。就拿我自己来做例子。总体而言，我曾在15年内增重了15公斤。平均每年增重1公斤，按照正统营养学，这意味着我每年摄入的热量比能量消耗多7 700卡路里。若平均到每周来看，热量超标不过150卡路里。因此，尽管所有的健康说教都认为我吃了太多蛋糕，喝了太多酒，但按热量来衡量，我的"过量饮食"无非相当于每周多吃了一根大香蕉。如果从缺乏锻炼的角度看，我只不过是正常步速下每天少走了4分钟的路而已。

但是，如果这样细微的差别真的能造就不同，再考虑到我们自己对食物中包含了多少卡路里毫无直觉认识，你恐怕会胖成浑圆的球形。可事实并非如此。为什么呢？因为身体擅长自我调节。只有当我们吃得太多（或太少），我们吃下的东西才会大大超过（或远远低于）身体设下的理想体重点。这种情形背后的生物学原理非常复杂，但一般可以这么说，身体产生激素（最有名的是瘦素），告诉大脑自己是否还需要食物。这决定了你是否感到饥饿。整个过程里存在一个时间差，故此，如果你把盘子里的食物吃得一干二净之后仍然感觉饿，继续吃之前不妨先等上20分钟。当然，也有些人的食欲激素校准得更精确。

不过，知道这一点，有可能成为可怕的借口。有些人体重增加只是因为吃得比自以为所需的要多，这种错误可以得到纠正，只是得慢慢来。就我自己而言，我觉得很饿，并不意味着我会受身体驱使去满足渴望。我还认为，饥饿和食欲之间是有区别的，前者是你觉得自己需要吃，后者是你想吃也乐意吃。我有时想，我的实际体重和理想体重的差别，无非就是我的食欲与饥饿感的差别吧。

我在这里，我个人的缺点，以及所有人类的固有难题都纠缠着想要左右我的身体，这让我感到了自身的卑微。我唯一的安慰是，谦卑是一种美德——只要不堕落为毫无意义的自我厌恶。没有人会因为更清楚地意识到个人局限性而丧失做人的底气。面对局限性无动于衷是错的，只有充分了解我们能力的局限性，我们才能最大限度地发挥能力，甚至学会提升能力。

禁食

我从来没喝过这样好喝的玉米粥，吃过这样美味的花菜。这要归功于厨师，我的朋友乔治，但或许原因也并不全都在他身上——因为这顿饭打破了我为期 10 天的禁食，饭菜里的奶酪和黄油都是被禁止的食材。肚子空空是味蕾最好的提神剂。

如果你说自己今天禁食，人们往往认为你这么做要么是为了宗教，要么就是为了健康：排掉身体或灵魂的毒素，清除罪恶或者脂肪。他们还可能以为你什么也不吃，尽管最传统的斋戒只是对饮食做了选择性（而非全面）的限制。我曾无奈向一个产生以上误解的人士拿出牛津英语词典："禁食是指放弃进食，或者只吃少量食物。"比方说，最近复兴的天主教周五禁食，只要求信徒"放弃吃肉，或者部分其他形式的食品"作为苦修。斋月期间，穆斯林只限制了一天内吃饭的时间。还有研究指出，许多人在禁食期甚至长胖了。

但我不是为了宗教，也不是想减肥或者排毒。我禁食是因为我认为，这种宗教习俗即使放在世俗环境下也保留了很高的价值。事实上，没有了宗教包袱，它可能更好。

几乎所有的宗教都对吃设下了一些限制，如不得吃某些食物，或者周期性禁食。修道院生活对这一点体现得尤为明显，院内的食物一般非常简单，只有在规定的时间方可适量摄入。倒不是所有的规定都异常严格。本笃会规（The Rule of Benedict）允许修道士每天喝半瓶酒，在巴克法斯特修道院（Buckfast Abbey），兄弟们每顿饭都可选择饮用啤酒或苹果酒。毕竟，本笃会修道士唐·培里侬（Dom Pérignon）在香槟酒的发展上起到了关键作用，中世纪的经院哲学家托马斯·阿奎那（St. Thomas Aquinas）则是有名的大胖子。胖乎乎的修道士如今或许不常见，但我拜访过好几家修道院，知道这样的人也不少。

无论吃什么，修道士总会规范自己所吃的东西。为什么呢？沃斯修道院（Worth Abbey）的前院长克里斯托弗·贾米森（Christopher Jamison）说，在当今世界，我们几乎习惯了自动回应个人的欲望。如果你想要某样东西，又能得到，你就会采取行动。因此，无聊了我们就吃零食，饿了就上饭桌。佛寺住持，泰国僧人阿姜·苏吉度（Ajahn Sucitto）也表达过同样的意思：很多时候，吃撑了是一种"在功能层次上不必要的强迫性活动，我们吃，只是出于一种心理习惯"。

我们这么做的一个原因或许是，我们认为，能够响应自己的欲望，不受他人的制约，就意味着自由。但这不是哲学家或神学家所看重的自主性。自主的字面意思是自我规范。不假思索地对欲望采取行动，不是自我控制，而是允许自己被冲动所控制。

因此，真正的自由要求锻炼自控能力，而非被身体里腾起的任何欲望和冲动牵着走。像修道士那样，只在规定的时间吃规定的食物，是抗衡我们顺从欲望的倾向，打破欲望与行动关系，避免一冲动就出手的一种方式。一如贾米森所说："这就是非常明智地履行选择权。"

禁食比节食更锻炼意志力

在世俗生活中，我们没有修道士那么严格的每日作息规定，非要这么做也显得有些太不通人情了。但定期禁食，却方便我们实践这种恰当的自主权，打破让我们屈从于欲望的懒惰习惯。

主要是考虑到这一点，我觉得自己应该把定期禁食引入生活。我还认为，对自己吃了什么更留心，给自己吃饭速度太快加上一道刹车，能很好地培养对食物的赏识之情。与此同时，我不愿把禁食跟肉体禁欲扯上关系，或者是没什么充分的理由就把生活弄得不愉快了。我的目的不是要吃苦，而是激发自己去关注重要的东西。

在寻找模式的过程中，我碰到了印度教的"九夜节"（Navratri），它是为了表达对创造之神沙克蒂的崇拜。沙克蒂司掌各种变化，以及原初的宇宙能量。"Navratri"是梵文里"九个夜晚"的意思。（"Nava"是"九"，"ratri"是"夜"。）节日的时间和进行方式各地不同，但本质上，它是禁食九天九夜，第十个晚上以一顿盛宴结束。

我给自己的禁食起了个跟"Navratri"差不多谐音的名字："Novrati"（诺瓦提）。它包含了各种意思：拉丁语里的"ratio"，指"思想"；"novus"，意思是"新"，动词形式是"novare"，"更新"；还有"novem"，意思是"九"。我的设想是：用10天（9个夜晚）更新饮食方式和对吃的认识。我决定每年庆祝两次，春天前后来一次，秋分再来一次。这样一来，它还能提醒我时间的流逝、生命的轮回、万物的无常。虽然我认为这有助于我对克制过度饮食的持久尝试，但也不希望这一周的时间变成减肥或排毒运动，从本质上来说，这是一场灵性（原谅我找不到其他更合适的词）活动，而非体育锻炼。我还希望这不光是禁食，也是一场庆祝的节日。

我自己的规则是，每日吃三餐，但期间不得吃任何零食。我会限制食物范围：只包括鸡蛋和蔬菜（牛奶和乳制品不行，只有鸡蛋）。我也不得喝酒，不得吃甜食或蛋糕。我会怀着感激，用心吃每一餐。在最后一天的晚上，我会办个宴会，不是过分狼吞虎咽的那种，而是庆祝各种美好食物带来的愉悦。总而言之，这个想法是为了用正确的欣赏、自主和行动，制衡不合时宜的不假思索。

这听起来可能相当好，但似乎也有一个很大的问题。如果你自己制定规则，谁来监督你坚持呢？整个活动不会因为它自导自演的性质而遭到削弱吗？传统的斋戒能发挥作用，是因为存在外部施加的约束。可要是我觉得想吃一块巧克力，有什么人能拦住我说"该死！不准吃"？

从某种意义上说，这其实恰好是诺瓦提比宗教斋戒更好的地方。它是最纯粹的自主实践，因为唯一阻拦你行动的人只有你自己。最崇高的自由是，能够有意识地（知道怎么做是好的）控制和调节自己的行为。相比之下，因为宗教规定而禁食，只不过是把自己的意愿交到了别人手里。

但自控有各种不同的方式。一种是利用先前已经提到的实践智慧。概括说来，实践智慧不是理论知识或者技术技能。它是基于理性和经验，拥有良好的判断力。有关实践智慧最关键的一点，可以概括为我现在当成座右铭的一句话：没有算法。良好的判断力不能化约为规则、公式或者程序。但它也并不依靠神秘和直觉，它有很多理性的东西可以说。不过理性不能以公式化的方式生成正确的解决方案，保证结果正确。

随着我们日渐依赖测量、规则和程序，实践智慧走向衰败。较之让自己和他人自行判断什么最好，我们更喜欢遵守官方认可的规定，因为前者靠责任心，后者让人更舒服。以规则为基础的方法有它的过人之处。使用称重、测量、计算热量、把食物按颜色分类的饮食规范，你自己要做的决定少了，生活也变得容易了。你只需遵循规则，静待奇迹出现。

但我认为这种方法的短期收益，跟它长期而言对实践智慧的破坏作用互相抵消。你可以通过计算热量来减肥，但这丝毫不会培养起维持长期合理饮食所需的良好判断力。要么你变得一辈子迷恋热量计算器，要么你减肥阶段所实现的成果，到了维持体重的正常生活期就消失殆尽。所以，从某种意义上说，依靠微观管理每一细节来进行控制，其实并不是真的控制，因为它无法持久。热量计算器没法应付餐馆菜单，因为菜单上不会列出热量值，也不会列出所有的食材。严格依照程序的人，只要错过、搞砸或者忘记了一个步骤，就不知道该怎么办了。真正的控制是有能力适应你无法完全控制的东西，真正的自主意味着按照自己的判断来生活，而非控制生活里发生的一切。吃是如此，生活的其他方面也是如此。

也许这就是为什么我觉得禁食对自主性的锻炼，比对节食的锻炼更有效。较之更广义上的自治，它更关注决心与意志。这或许也是为什么尽管我很清楚禁食有些偷懒的技巧，仍然觉得为期 10 天的诺瓦提价有所值。它打破习惯，鼓励我在下意识地自动喂饱肚子之前停下来思考，这就达成了它的目标。10 天的长度似乎很合适：足够长——足以让人付出真正的努力；又足够短——不至于让我觉得受了束缚，因为束缚会鼓励我摆脱纪律，大吃特吃。它显然不是治疗贪婪和轻率吃喝的灵丹妙药，出于这个原因，我觉得自己一年该做上两次。打那以后，我还决定更进一步，尝试每周都有一个固定的禁食日，规矩一样，只是鸡蛋也列入黑名单。经常性的实践有好处，因为人总是积习难改，过不了多久就死灰复燃。

我并不认为人人都该尝试禁食——这太激进了，有些人说不定并没有什么要对抗的无益的饮食习惯。性格培养几乎涵盖了我们的所有日常行为，既有长年的生活惯例，也有减肥等浩大工程。禁食只是一种尝试，如果本着正确的精神展开，可以帮助我们培养自主性、意志力和谦卑等美德。不过，我猜，大多数人都能从这样那样约束和反省的规律性、系统性实践里受益——不管它是围绕食物展开，还是围绕其他我们并未给予足够思考和赏识的东西展开。如果自主不仅仅是想做什么就做什么，那么我们就要花些时间来锻炼自我控制的力量。怎么吃（或者怎么不吃），是个很好的起始点。好了，最后，该回到吃这个话题上了。

第四部分

好好食

E a t i n g

牲口给料，人吃饭；
只有知性的人才知道怎样吃。

——布里亚 - 萨瓦兰

认真对待盘中餐

　　虽然我是个无神论者，我一直都承认宗教生活的真正优点（虽说它已伴随着信仰而丧失）。宗教的一个巨大优势在于，它把特定的实践仪式化，又把它们融合到日常生活的结构里。当然，宗教有时做得好，有时也做得很糟糕。祈祷既可以是每天对自己和他人的反思，也可以是盲目背诵的一句空话。每周的礼拜侍奉既可以是团聚的积极时光，也可以是一种群体性的歇斯底里，主要作用是区分受拯救的"我们"和邪恶的"他们"。

　　许多人（比你想的多得多）都从宗教获得益处，却又不真正相信宗教的信条。丹尼尔·丹尼特（Daniel Dennett）和琳达·拉斯科拉（Linda LaScola）没费太大功夫，就找到一大批失去了信仰却没有丢了饭碗的牧师。不过，个人而言，我不信教。我曾以"前基督徒"的身份去过教堂，可让我疑惑的太多，只好低着头盯着脚，使劲闭住嘴。

一般而言，宗教叫人不满还因为它有一套错误的人类学观念。它承认我们不仅仅是完全活在当下的简单动物。我们对过去与未来，自我和所居住的世界，都有着高度发达的感知。但是，宗教并不完全接受，人始终是凡俗的动物，是血与肉的生物；人死以后，身体不是灵魂留下的空壳，神圣的奇迹也不能叫它复活。我们既不是困在此刻的纯粹野兽，也不是朝向永恒的天使。我们是完全生物性的动物，但我们的思想通过惊人的方式对自己的体验进行组织，能活得超越此刻，但又远远达不到永恒。

我在别的地方详细论述过，我们只是物质，却又不仅仅是物质。我们有灵魂，但仅限于古希腊人的"psuchê"①一词所表达的含义。这不是一种精神的、非物质的实体，而是大脑和身体生理物质排序而产生的个体意识。我们是"灵肉一体"（psuche-somatic，这是我生造的说法）的生物：心灵即肉体。因此，如何生活的问题就是寻找恰当的"灵肉一体"，一种完全考虑到我们的动物性与人格的道德。虽然我直到现在才使用这个词，但本书所说的一切，都暗含了对人类本质的认识。由于我们拥有过去和未来，而未来又并非无限远，因此我们需要在人际道德中尊重彼此的需求和福祉。由于我们拥有反省和推理能力，但这两种知性能力又太过有限，所以我们需要具备一种理性认识：接受不完美，接受我们的判断有时在事实和道德方面都不够严密。我们在尝试构建意志力、自主性和谦卑等道德性格优势时，既要充分承认身体带给我们的约束，又要意识到人不仅仅是身体的奴隶。

感谢上苍赐予我们丰富的食物

吃饭是思考自己"灵体"性质的理想领域，因为进食时我们没办法否认

---

① psuche 在现代意为灵魂、精神、心灵、心智、心理，其在古希腊语中意为象征人类灵魂的蝴蝶，兼有蝴蝶、灵魂之意。——译者注

自己的动物性。尽管宗教未能充分接受我们的肉体，但这并不是说，充分认可人类肉体性质的人，就不能从宗教中有所得。一些围绕食物展开的宗教习俗可以借鉴，尽管它们转换到世俗生活背景下会损失一定的精髓。前一章我们探讨了禁食，而饭前祷告的感恩仪式或许更具启发意义。置身发达国家，我们很幸运，想吃就能吃。站在历史的角度，站在当今世界大部分地区的角度，发达国家民众的主要营养问题是怎样避免吃太多，未免叫人心生羡慕。经常提醒自己的好运，难道不是很恰当吗？

如果是这样，除了饭前祷告，也还有许多其他途径能达到目的。一种做法是饭前默默表达一句世俗的感激，并在日常反省中对他人表示感谢。过去我提出这一建议时，许多人都反对，他们认为世俗的感恩没有意义，因为没有谁值得献上感激。如果有一尊神圣的实体，代表所有的善，这确实能让感恩变得更容易，我完全同意。（但要是想到，既然这尊神祇负责生活中所有的善，那么他也必须为所有的恶承担骂名，你恐怕会感到困扰。）如果你信教，感恩和日常祷告的义务是外界规定给你的，有能直接致辞的对象，那就带来了清晰的焦点。祷告仪式也是现成的，你所属的宗教会为你提供指引。

可尽管宗教让表达感恩成了生活中自然而然的一部分，它并非无可替代。感激或感谢之情，并不需要具体地指向某个人。你可以这么想："我很幸运，我不希望把这种幸运视为理所应当。因为有一个人走运，就自然有另一个人被运气舍弃。运气能带给你的东西，运气也可以夺走它。"这提醒你，要懂得欣赏生活里的美好，因为人并非永生，错过的东西永远也赶不上，如果现在不细细品味，以后就没机会了。

从语言学上看，"谢"（thank）是一个及物动词，语法要求它有施与的对象。这给我们造成了误导，让我们以为感恩必须有"感谢"的人或事。但显然，就算没觉得有谁值得感谢，我们也理解"感激"的意思，一如就算没有什么东西让我们生厌，我们也会感到厌倦。我以为，要是有人不相信无神论者也具备真诚的感恩之情，他们一定是没有努力去理解这件很简单的事情。

因为感恩有目标指向时，人更容易出现感激的念头，一些无神论者或者不可知论者，或许更倾向于寻找一些非神的对象给予感谢。举个例子，哲学家丹尼尔·丹尼特从心脏病发作中幸存，他感谢"善良"：医生、护士和科学家的善良。是他们给了他成功的治疗，让他得以康复。伯明翰锡克教组织（Sikh Guru Nanak Nishkam Sewak）主席摩伊德·辛格长老（Bhai Sahib Bhai Mohinder Singh）向我提议说，面对一张薄薄的饼，值得感激的除了上帝，还有几乎无穷无尽的人，比如播下种子、采摘收成的农民，碾磨小麦的磨坊主，做面包的厨师，为你上菜的人。不过，考虑到生产食物的人不是为了利他的原因而工作的，我不清楚经常性的衷心感谢是否恰当。

无神论者和不可知论者的主要问题不在于我们没有献上感谢的对象，而是我们没有一套这么做的现成框架。有一次，我探讨了此类议题之后，一位女士走过来对我说，她尝试过在家进行世俗的感恩，但家里其他人觉得这么做太傻了。感恩并不傻，但自行创造的迷你仪式会让人觉得受了强迫，装腔作势。更重要的是，你坚持这么做的唯一原因是你认为应该这么做：外力强加给你的义务是没有任何意义的。

出于类似这样的原因，虽然我很认同宗教和世俗形式的感恩，我自己却没有做过。不过，我想我已经培养起了更普遍的感恩习惯。我兴许不会饭前祷告，但我经常都会默默地感恩。事实上，如果你能培养习惯性的反应，它比口头祷告更好，因为后者有可能变成机械性的空泛举动。举个例子，我还记得，我小时候上的是天主教小学，我们会把学校里必须说的感恩话语单音节一个字一个字地蹦出来："蒙——主——恩——惠——赐——给——我——们——这——些——礼——物，祷——告——奉——主——耶——稣——

基——督——的——名，阿——门。"我们不仅不知道这是什么意思，对"蒙——主——恩——惠"也一头雾水。我甚至以为，"恩惠"是一种我不太喜欢的椰子夹心巧克力棒。用餐结束后，我们被迫撒谎："感谢主赐给这顿美食。"不管我们有多幸运能够吃饱饭，所谓的美食无非是炖骨头和一坨坨的土豆泥。

也有人走向了另一个极端，散文作家查尔斯·兰姆（Charles Lamb）觉得在富人的餐桌前感恩不舒服，因为他们"拥有太多，而外面还有那么多人在挨饿"。兰姆认为："暴饮暴食时感恩不合适。"我理解他的观点，但能阻止我们饕餮无度的，恰恰正是反思我们好运的习惯。

食物浪费与饮食过量

故此，我以为，在世俗的背景下，我们不光需要能鼓励感恩之情的祷告，还需要一些别的东西。我觉得最佳候选对象是剩饭剩菜，即盈余带来的不可避免的副产品。通过培养这种意识，努力减少浪费，我们可以提供一条实用的渠道，强调感恩之情。

寻找餐厨浪费的可靠数据难得出奇，但英国机械工程师协会最近发布的一份典型报告说，据估计，"全球粮食总产量的30%~50%还没进入人的胃就损失掉了"。导致这种局面的情况很多。在发展中世界，问题主要是"收获效率低下，地方交通不足，基础设施落后"，由此导致"农产品经常处理不当，储存在不合适的农场条件下"。在一些东南亚国家，最多可能有80%的稻米作物未能到达餐桌，大部分被破烂运输车辆洒了，要不就是碰撞损失了、发霉质变了、给老鼠咬了。

在发达国家，报告称，"英国有多达 30% 的蔬菜作物从未收割"，因为"各大超市为满足消费者期望，往往会因为蔬菜和水果物理特点不符合市场标准（如大小和外观），而拒绝接收农场生产的完全可以食用的水果和蔬菜"。还有一个事实乏人知晓：超市的合同往往要求供应商提供一定数量的农作物，但并不规定超市必须足额接收。查理·希克斯对我举了个例子。某个星期，早前的天气预报太过乐观，让超市超额订货，结果到了星期五，批发"转储市场"上出现了"大批撕掉了特易购标签（但又没撕干净）的盘装生菜"。"这是由于风险完全落在种植户身上，超市也习惯了'先超额订货，再取消或减少'的做法。"他说。供应商别无选择，只能设法廉价卖掉多余的作物。最后，消费者也会买太多。机械工程师协会称："就超市货架上摆放的蔬菜总量而言，30%～50% 被购物者买回家又扔掉了。"例如，英国每年要扔掉 68 万吨面包，约占总购买量的 1/3。

人们为这种局面感到震惊，原因很充分。经历过第二次世界大战期间食品限量供应的人，本能地感到了这一点，并努力将对浪费的厌恶传递给子女。他们坚决要孩子把盘子里的饭菜吃干净，他们会说："想想非洲那些挨饿的小孩。"很多孩子会不服气地回答（腹诽的时候多，当面顶撞的少）："那你干吗不把这些饭菜送给他们？"这种回答忽视了关键。浪费地把食物扔掉不好，不是因为还有别的人可以吃，而是因为这没有对食物的营养和享受价值给予相应的尊重——实际后果怎样其实无关紧要。如果你知道食物具有什么样的价值，你就不会再随随便便地扔掉它。这就好比说，你不会把硬币扔进垃圾箱，哪怕一毛钱什么也买不到。在这两个例子当中，重要的不是金钱或食物还可以拿来做些什么，而是说，凡是尊重金钱、懂得贫困滋味的人，都不会如此轻蔑地对待它们。只要你理解了一样东西的价值，就会以尊重对待它，不会光想到它在特定场合下有什么实际好处。

当然，尊重感跟实际好处并不是脱节的。只不过，两者的关系是一般性的，而非具体性的。你尊重食物是因为食物对人的贡献，而不是尊重具体的某种食物对具体的某个人有什么具体的贡献。这似乎有点不合理。如果食物好是因为它营养丰富、令人愉快，为什么要尊重一小点你并不特别喜欢吃，也不特别需要其营养，更不能带给其他人好处的食物呢？答案可以追溯回亚里士多德身上。他认为，我们是习惯的动物，我们无法对每一种环境都单独评估其优缺点，也不能这样生活。我们需要被灌输某种大部分时候都正确的倾向性反应模式。浪费的习惯会让我们浪费太多，而节俭的习惯则会减少浪费，哪怕有时它也会让我们难以把某件东西送进垃圾桶。

然而，合适的处置指的是，仔细思考什么样的行为能够带来良好的结果，什么样的行为仅仅是空泛的姿态，从而选择去做能带来最佳结果的事情。剩菜剩饭就是这方面一个绝佳的例子。通过减少浪费来培养感恩的习惯，促使我们采取行动，让其他人能真正从本来要被扔掉的东西里受益。麻烦的是，反浪费的冲动有可能会变成一种类似于宗教的崇拜，或是狭隘的意识形态，对我们施加无益于达成渴望结果的阻力。

让我们从身边的小事里举个例子。我和伴侣在电影院附近的咖啡厅里吃饭，她吃不下盘子里装的食物分量。她看到我的眼神扫在了她盘子上，就说："别麻烦了，不用帮我吃。""没错，但我总觉得应该吃。"我回答，至少我在想象中是这样回答的。我的意思是，我对不把食物扔进垃圾桶有一种近乎道义上的责任感。从某种角度看，哪怕我并不特别想吃，或者勉强吃下会让我撑死，我也觉得自己有责任吃完。当然，如果食物可口我又吃得下，我会认为把它扔进垃圾桶是不尊重食物的价值。就算"我有义务这么做"的说法语气太过强烈，要是我真的这么想，必然也是好的。

然而，在这种情况下觉得自己不应该吃，理由也是很充分的。甚至，它还出自相同的基本动机：讨厌过度。过度饮食可能反映出对食物缺乏者的淡漠之情，故此跟浪费一样，都是对食物的价值不够尊重。同样是受良好的价值观推动，一个人兴许不乐意浪费食物，另一个人兴许不乐意吃得太多。这充分表明，培养习惯性反应绝非无用，只不过，它们本身不足以告诉我们在特定的情况下应该怎么做。我们还必须借助自己训练有素的冲动作为警示灯，提醒我们注意道德屏障（尽管不如路标那么可靠），指引我们前往正确的方向。

我的伴侣说，如果我们不细心注意冲动带来的提示，它们也可能变成承载其他恶习的特洛伊木马。举个例子，对过度的合理厌恶，有可能遭到篡改，变成清教徒般拒绝丰盛饮食带来的快乐，甚至把控制热量摄入视为主要的饮食美德。就我自己而言，我对浪费食物的合理遗憾之情，可能会演化成为多吃找借口的贪婪冲动。我的困境在于，食物是浪费掉好，还是增大腰围好？

我们如何应对这些潜在的紧张关系呢？通过意识到我们自身的弱点和偏见来处理。还是以我为例，我应该停下来想一想，是的，好好的食物被浪费是挺值得遗憾，尽量避免浪费很好，但不养成纵容自己贪欲的习惯也很好。如果我拿不准哪一种冲动应当占上风，那么我应当选择跟自利偏向相对的那一种。

对浪费形成正确的态度，在社会和政治层面也很难。例如，垃圾回收能轻松变成漫无目的的迷信，既无助于提醒感恩，也无助于拯救地球。我跟所有人一样爱犯这类错——我甚至把外卖咖啡的纸衬垫拿回家，而不是扔进垃圾桶。这真的有点荒唐了，因为非生物降解的塑料盖我就直接扔掉了。养成不随便扔东西的习惯当然是好的，但如果它并不培养感恩之心，也不驱动人改变行为（如以后自带水杯），那它就没什么用。

此外，人还可能因为看到不可避免的浪费而心烦——我就经常这样。比方说，十月底的一天，我惊讶地发现，收获季结束之后，安达卢西亚的果树上还结着不少的杏。但我提醒自己，100% 把果实收获干净根本做不到；最常出现的情况是，90% 的作物方便采摘，而剩余 10% 的作物难以采摘，两者花掉的精力和时间近乎相当。考虑到农民绝不会忽视收成给自己带来的利润，树上剩下了杏，唯一的原因是它不值得去收——要么是它不够成熟，需要稍后再采摘，要么是剩余数量太少，二次采摘得不偿失。颇具讽刺意味的是，正是出于城里人的无知，对机械效率价值观的内化，才导致我们难以接受这一事实：一定的浪费是食物生产周期的自然环节。

把对浪费的厌恶和感恩联系起来，有助于调和简单化倾向，也即把所有浪费都归结到现代性和企业的失误上。我们之所以能够浪费这么多，无非是因为现代农业和零售分销把食物变得廉价而丰富。这带来了需要解决的实际问题，但除非我们平衡担忧和感激（感谢如今的所得）这两种情绪，否则我们无法解决正确的问题，或是想出正确的解决方案。

故此，产生恰如其分的感激之情，竟然是一桩复杂的事情。虽然对奉行宗教传统的人来说，感恩更加容易，但这种容易也有其自身的缺点，它可能会给我们带来误导，让我们以为人只需要感谢造物主就行了。更深层的感激需要融入日常生活的习惯，它表达为我们对浪费的态度，也即我们坐下来吃饭时的心境。恰当的感激还需要不断地进行知识上的盘诘，确保这不是一种下意识的感觉，确保它引领我们走向真正的好。说一声谢谢，并由衷地表示感激，这很容易；但真正的感激之情，是通过我们的生活方式来表达的，不光靠我们的言语和感受。

18

知好也知歹

THE
VIRTUES
OF
THE
TABLE

　　我们生活的这个时代，几乎没人知道"De gustibus non est disputandum"①是什么意思了，但几乎人人都认同它的道理。"趣味无争辩"的说法，不会引起什么争议。有些人就是喜欢简单、朴实的味道，这有什么错？如果某甲喜欢前卫的现代管弦乐，某乙喜欢泡泡糖流行乐，你可能会说前者口味比较复杂，但不能说那更好。审美判断没有客观性，只是主观的偏好。

　　我认为这并不正确。理解何以如此，比理解古典音乐家马勒和重金属乐队摩托头各有什么相对优点，牵涉到更多的利害。人们对"客观性"的意思存在普遍的误解，由此也对伦理学甚至历史和科学怎么能够"客观"产生了怀疑。

---

① 这是一句拉丁文，意思是，不为个人口味而争论，即中文"白菜萝卜，各有所爱"之意。——译者注

要为食物和饮品的客观性建立一套辩护的说辞，或许会显得有点堂吉诃德式的顽固。还有什么东西能比饮食偏好更主观？如果你不喜欢草莓，你喜欢炸鱼薯条多过酱汁香蒜鳕鱼，这能有什么错？然而，正是这些说法，暴露了错误的根源。"人们往往对好的东西和自己喜欢的东西不作区分。"哲学家蒂姆·克兰（Tim Crane）说，"我觉得有很多音乐都挺好，甚至很精彩，但我不喜欢。"显然是这样。我不太喜欢鲍勃·迪伦、酷玩乐队或杰德沃德（Jedward，爱尔兰双胞胎男歌手），但我相信迪伦是个天才，我也接受酷玩有些天赋，并坚持杰德沃德毫无可取之处。就算这些具体的判断都错了，我不喜欢的好东西和坏的东西之间显然也存在差异。这道理同样适用于食品。厨师比约恩·弗兰森（Björn Frantzén）对我说，哪怕是在最好的餐厅吃饭，"我也可以在吃完离开时说：'这其实不是我那杯茶，但真的很棒。'"

一旦你抛弃了（喜欢＝好）＝（不喜欢＝坏）的简单公式，下一步就是接受如下明显的事实：艺术作品、音乐作品、食物和饮品都有着令我们口味产生反应的客观性质。葡萄酒就是一个很合适的例子。"葡萄酒有趣的地方在于思考它是怎么一回事，而不仅仅是思考我们喜不喜欢它。"哲学家巴里·史密斯说。哪怕我们认同"口感纯粹是主观"的看法，谈起食物时，我们通常也并不认为只有自己才知道它的味道。每当吃到美味的东西，我们会跟朋友说："你必须试试这个。"我们推荐的是食物，而非嘴里发生的状况。好吃的羊角面包的确味道浓郁，并不仅仅是我们觉得味道浓郁。

我们品尝食物的时候，兴许注意不到它的味道，但除非味道的存在就是为了遭人忽视，这种情况是不可能出现的。史密斯举了个喝葡萄酒的例子："我对你说'你喝出薄荷味了吗？你喝出梨子的味道了吗？'诸如此类。体验已经消失，但你心里想着，对呀，有这么回事。"我们有时候耳根软，经人提示后能"检测"出原本并不存在的味道，但我们不应该把这两种事情搞混：一种是受人误导的能力，一种是完全没有能力准确辨别出口味。"要是你说有青椒味，但其实又没有，人们是会一直坚持说没尝出来的。"史密斯说。你试试就知道。食物或饮料里有什么味道，人们并不会随口附和。如果我们说"是的，有这么回事"，史密斯认为："这一认同背后支撑着一种判断——体验中有过某种东西，只是当时没注意到。因此，体验和对体验的关注，是两回事。"

因此，很明显，口味并非纯粹主观，它涉及对象本身的特质，而不仅仅是我们的特质。我们多多少少也能够注意到这些真正的特质。我们中的大多数人，在大多数的时间，只是简单地喝喝小酒，感到愉悦。依靠一点点的努力，我们开始注意到更多东西。葡萄酒鉴赏家还需要将这种注意力往前推进一步，注意到普通酒客会忽视的各种特点。

平庸的味觉

不久前，如果有人不相信葡萄酒迷能品尝出门外汉错过的口味，他充其量会说："我喝起来都差不多嘛。"现在，他更可能会说："你听说过某某的研究吗？"你或许听说过，虽说你可能把它跟另一篇类似的研究搞混了，忘记了细节。但你记得研究的结果，大意是：声称自己能够区分好酒、平庸之酒和劣酒的人，屡次败于盲测。波尔多大学做过一些著名的实验。弗雷德里克·布罗歇（Frêdêric Brochet）让所有 54 名接受测试的酿酒系学生弄混了白葡萄酒和红葡萄酒——他无非是往白葡萄酒里加了一种无味的染料。他又互换了酒瓶上的标签，导致学生们把便宜的葡萄酒描述为圆润、复杂，而把昂贵的葡萄酒描述为味道浅薄而平淡。

同样，养鸡的人都会告诉你，他们的鸡舍对母鸡友好，下出的蛋超级新鲜，味道极佳。但是，每当研究人员尝试进行真正的盲测，把这些鸡蛋跟普通超市的鸡蛋进行对比，几乎从没发现味道上有什么差异。有个聪明的美食作家，做了一场初步的实验，半数的食客都喜欢后院散养鸡蛋，但他意识到，这些人有可能是对视觉线索产生反应：散养鸡蛋的蛋黄颜色较深，做出来的蛋饼更鲜艳。于是，他加入一种绿色染料重复了实验，把所有的样品都弄成一个样子，除了一个人，其他食客的偏好都消失了。

诸如此类的研究还有许多。然而，所谓食物和葡萄酒的口味或质量没有区别的想法，显然很荒唐。不管这些实验的结果如何，我们不可能全无鉴赏力。诚然，品酒师或许可以受到愚弄，但他们也能很准确地告诉你，葡萄酒是用哪一种葡萄制成，来自哪一个国家。他们是通过味觉来做出判断的，不是靠精神力量。如果你吃过各种餐馆的食品，你会逐渐培养出不光看外观的偏好：有一些餐馆，哪怕你有偏见也很喜欢（"氛围和服务太可怕，但食物无可挑剔"）；也有一些餐馆，你真的想跟它们相爱，但就是爱不上。

这一切的根源没什么神秘的。它是我们身为灵体生物的组成部分：心智靠身体表现，心态又充斥着动物性。经历从来不是一种只在我们大脑里进行的事情，也不是不受我们想法和认识影响的单纯肢体体验。就食物和饮品而言，结果很清楚：品尝、闻嗅或享受食物，同时回避过往体验、偏见、期待和信念——这种事情压根不存在。所有这些东西都在相互作用，有时候，我们的期待、偏见和信念能强烈到带我们走错路。

因此，我们所体验到的世界，既不是一种纯粹的人类构建，也不完全客观地独立于我们。比方说，葡萄酒的品质取决于它的特性，不管我们是否察觉到了这些特性，葡萄酒可口首先是因为它跟人类的消化和神经系统展开了种种互动。人类的心理和生理框定了我们体验葡萄酒的形式，一般来说，这些体验形式不会成为问题。只有在框架扭曲体验，事物的客观性质和我们的感官直觉之间配合不良时，我们才会与真实情况脱节。

所以说，葡萄酒实验表明的主要是，"人们做出的判断，部分地来自事前期待。"这是史密斯的哲学家同事兼葡萄酒搭档蒂姆·克兰的话。它仅仅证明我们容易上当受骗，并未证明普通情况下我们的判断毫无意义，更不曾表明，"没有办法判断红葡萄酒和白葡萄酒之间的差异"。

你或许认同这一点，但仍然认为仅此不足以让这种葡萄酒比那种葡萄酒好的价值判断站得住脚，而只能说明投入食物和葡萄酒品鉴行业的人，会比普通人采用更复杂的标准来进行判断。然而，一旦你接受了鉴赏的真正内涵，不承认它带来卓越的品质分辨能力就显得太有违常理了。几乎人人都有过逐渐发现某些产品和餐馆就是比别家好的经历，而另一些东西，你只愿意推荐给自己最受不了的对头。再举一个例子，我的葡萄酒知识很肤浅，但我如今频频发现，跟许多价格高的葡萄酒比起来，便宜的葡萄酒尽管喝起来也不错，但确实口感更死板，维度单一，比较无趣。与其说更昂贵的葡萄酒更好，我的这种说法似乎再真实不过了。既然人并不见得都该喜欢更好的葡萄酒，为什么我不能做出上述判断呢？我想，这大概是因为，我们害怕它暗示并非所有的口味都生来平等（哪怕证据表明并非如此）。

对自称出众的口味表示怀疑，也并非全无依据。食物史学家马西莫·蒙塔纳里（Massimo Montanari）说，在中世纪，人们没有想过有些人的口味会比其他人更精致，而是认为"所有的口味，都由人的自然本能所决定"。后来，出现了两个要素，令人们转向了好坏口味的概念。首先，用朱利奥·兰迪伯爵（Count Giulio Landi）形容皮亚琴托奶酪（Piacento）的话来说："不管有多少人意识到了它的好处，他们也说不出来它为什么好。"如此一来，普遍的品味能力，就跟理解良好味道何以如此、为什么有些东西就是更好的精英能力出现了区别。人们头一次把味道归结为一种认知元素，能够进行理性判断和有意识的辨别。如此一来，第二个阶段的出现也就顺理成章了：主张良好的品味是"经智慧过滤后所培养出来的知识"，它有别于庸俗、不开化的口味，而且比后者更优越。

这个进程，可以用一个例子来概括：最初，人人都能直观地感知皮亚琴托奶酪好；接着，人人都能感知它的好，但只有一部分人理解为什么；然后，只有培养了良好口味的人才能真正体会皮亚琴托奶酪的优越性，而没有培养过的人有可能吃一块比较差的奶酪也挺开心。

之所以有人对此表示怀疑，原因是蒙塔纳里等人相信，这一进程的动机至少有一部分是因为精英们需要把自己和大众区分开来。口味变成了"社会分化的一种机制"，它来自"精英们需要随时重申自己的独特之处，并将之归结为自己认为不存在于农民身上的'理性意识'"。

毫无疑问，口味和正确的饮食之道概念可以这么用，而且往往也正是这么用的。出于这个原因，史蒂文·普尔写出了自己反对当前美食潮流的动机，《人非其食》。"食物成了一种炫耀的方式，成了一种时尚。"他在伦敦一家供应"英国小吃"的时髦酒馆里对我说。此举的"道德"，也就是如下的态度让普尔感到困扰："我对食物懂得多，我就比你更优秀。看看你。你吃的是垃圾食物。你吃的真的太糟糕。你需要受些食物方面的教育。"

普尔的疑虑有道理。食物的世界充斥着虚张声势、自负做作和完全的废话，蒂姆·克兰和巴里·史密斯都承认，但克兰坚持说："怀疑必须建立在知识的基础上。不知道什么是废话的人，他们的意见恕我难以尊重。这就跟说哲学是废话一样。哲学家的确说了许多废话，但你必须知道，什么是废话，什么不是。"

此外势利态度也扮演了戏份很重的角色。"势利就是看重某种不值得看重的东西。"克兰说，"它必然是种错误。我认为真的有葡萄酒势利眼，仅靠名气和价格来做判断。"有些人，甚至是不少人都说，评价某些食物、葡萄酒和餐馆更优秀，无非是时尚、势利或者地位所驱，毫无意义。即便味觉辨析的概念兴起，满足的是社会等级区分而不是审美判断的需求，这也并不意味着它毫无可取之处。真理的萌芽里往往带着些许糟粕，牛粪里也会长出一朵朵美丽的花。

饮食的客观标准

如果你认同如下观点：喜欢某物并不等于判断它好，审美对象也有着客观性质，有些人对这些东西的品鉴力更为出色，客观性质的存在为"某物更好"的说法提供了基础，那么，你就只能接受：口味并非纯粹主观。尽管如此，这跟通常认为的纯粹客观——最终的、权威的、单一的真理，从神一般的角度来感知，还离得很远。看起来这很不可能，尤其是对食物。比方说，《葡萄酒观察家》杂志（*Wine Spectator*）说，2012 年出产最好的红酒，是谢弗葡萄园（Shafer Vineyard）的"无情 2008"（Relentless 2008），它比第二名"圣戈斯吉恭达斯城堡 2010"（Château de Saint Cosme Gigondas 2010）要好——这难道是客观事实吗？当然不是。即便是确立这种排名的人也并不这么想。认为客观性需要绝对判断的看法，误解了它的性质。

人们对客观性最大的认识错误，就是以为它跟主观性存在非此即彼的关系：要么，它是一个简单的事实，要么，它就是见仁见智的观点；不是要么为真要么为假的事实，就是众口纷纭的观点，两者之间再无其他。托马斯·内格尔（Thomas Nagel）曾经很有说服力地指出："较主观和较客观的观点之间，只有程度的区别，而且涉及了很宽的范围。如果一种观点或思想形式不怎么依赖个体构成及其在世界上的位置的具体细节，也不怎么依赖于该个体属于何种类型的生物，那么它就比其他的观点更为客观。"

很明显，这种看法适用于食物。挑选出《葡萄酒观察家》2012年年度最佳葡萄酒的专家们，比休闲酒客更有资格来识别、评估葡萄酒的质量。相比对葡萄酒知之不多、只喝酒为乐的人来说，专家们在品鉴葡萄酒真正品质方面有实践的经验，又掌握了好坏葡萄酒差异的知识，观点更为客观。最客观的意见不仅仅来自吃过喝过的经历。食物如何生产的知识，农业和粮食生产的科学，口味的生物学，食物在全球经济和社会中扮演的角色——所有这些东西，都将我们带出了有关食物的主观感受层面，进入食物是怎么一回事的客观层面。

这并不意味着存在一种"绝对客观的观点"（view from nowhere，出自内格尔的同名书籍），以严格的等级顺序排列了全世界的葡萄酒。客观性在食物上有着很大的局限性，主要是因为你从不曾严格地比较过此"喜欢"和彼"喜欢"：一瓶绝佳的波尔多红葡萄酒，和一瓶挺好的里奥哈葡萄酒，你要怎么判断哪一种更好呢？除了奖项和竞赛的人为区分，提高食物客观性的目的不是要列出这样的排行，而仅仅是为了更充分地欣赏我们放进嘴里的东西的质量。

正确理解客观性，能帮助我们避免陷入毒害了当代文化的"反正无所谓"式相对主义。在道德领域，这极为关键。只要我们还认为道德判断要么是明确的事实（不是真的就是假的），要么是"单纯的"个人喜好，我们最终会倒向类似神学的绝对论调，又或者完全无法谴责任何东西。

成熟的观点是，接受道德判断多多少少具备客观性。良好的道德判断，需要了解事情真正是怎样的种种事实，比如动物是否会感到疼痛，自由贸易带来了什么样的后果，不同的耕作制度对环境有着怎样的影响，等等。这些事实不会像实验生成科学真理（尽管也并非如此简单）那样带来道德真理，但它们限定了道德上合理且正当的范围。

就食物而言，持有如理想般完全客观的本然观点，尤其容易造成误导。其实，跟我们的灵体性质要求身体与心灵的结合一样，主客观角度也应该结合起来，我们才能通过自己的所知，改变对世界的体验方式。期待和信念既能让我们看不到真正的差异所在，也能让我们觉察到光靠感官无从辨识的差异。

举个例子，让我们来看看健康观念对口味有什么样的影响。我认为自己喜欢全麦面包多过白面包，但这或许只是因为我逐渐把白面粉跟不健康的"苍白"肤色联系到了一起。同样，由于人们渐渐把脂肪看成坏东西，在某种程度上，几代人之前能叫大家欢欣雀跃的食物，如今却遭到了厌恶。当然，"太过熟悉"也能解释一部分的原因，但想到堵塞动脉的脂肪就产生了反感，无疑同样是原因。就连你已经习惯了的脂肪也会变出区别来。我有个朋友，过去曾吃大量的奶酪、薯片等固体脂肪含量高的食物，但他如今认为，意大利面上淋了些液体橄榄油就太过油腻了。

然而，健康理念改变了我们对食物的认识，并不表示我们应该努力克服"妄想"，做出更为"客观"的判断。如果我们对世界的体验完全是灵体合一的，那么，只要信念和期待是恰如其分的，它们对我们体验的渲染就完全自然、正确而合适。如果说，相信某种食物对我们有好处，有助于我们更加享受它，这些食物也真正很健康，那么这就是好事情。同样道理，如果想到食物带给我们身体的后果，我们推开了它，这同样有可能是好事。我们的目标不应该是把认知截然分为生物的、客观的和主观的，而是要把它们结合起来，在享受食物的时候，不光用上嘴巴，也用上头脑。

这涉及慢食运动的一项重要洞见。慢食运动坚持，饮食应当是一种乐趣，但这并不意味着它只跟食物、鼻子和舌尖之间发生的事情有关系。慢食运动称，适当地享受食物，需要了解它从何而来。在这个意义上，它提倡一种更高级的享乐主义，不光包括感官，也包括思想。在这方面，它完美地捕捉人的灵体合一性质；它指出，许多号称揭穿了味觉辨识力的实验，其实只是向我们指出完整的辨识力是什么意思。如果我们相信食物是带着热爱精心准备、以合理的价格购买、以可持续的方式种植出来的，这样的食物确实而且也应该吃起来更美味。我们的确为自己享受的东西培养出了口味，对自己不享受的东西滋生出了厌恶。

说回后院散养的鸡蛋。深黄色的外壳告诉了你母鸡们的生活情形，理应让你对其产生更好的态度。你知道它们并非来自笼中蛋禽，则快感更甚。所以，如果你吃的时候掌握了真正的知识，散养鸡蛋确实味道更好。和之前品尝咖啡的例子一样，蒙住眼睛的情形反倒不怎么切合现实：你无从了解食物烹饪的所有重要信息，只有味觉和嗅觉可依赖，这削弱了你判断的可靠性，因为正常地享受食物，要求我们动用所有的感官和心智。我们不是只要提供了感官愉悦、审美价值等必选项目就能心花怒放的快感机器。

知道信念和期望多么有助于形成我们的饮食偏好，我们就有了比以往更多的理由保证这些信念和期待来得有道理。如果鸡蛋吃起来味道更好是因为我们相信母鸡活得更好，那么我们最好是别出错。要是我们基于根本不真实的东西做出判断，允许美德幻想渲染我们的口味，蒙蔽恶行带来的苦涩，我们一定会受欺骗。很多时候，我觉得现实里的情况恰恰是这样。当前流行的观点认为什么对我们有好处，什么讲道德，什么可持续发展，我们就买什么的账。

诚然，什么样的食物算"良好食物"并不仅仅是一个见仁见智的问题，但这并没有什么好害怕的。只要自封的专家们不把它当成向我们其他人传道

"应该吃什么"的借口就行。增进我们的食物知识，能够也确实改变了我们的偏好，但这些偏好仍然是我们自己的。就算它们偶尔把我们引向了客观上不好的食物，也没有什么，只要它们不是道德不健全、对健康具有毁灭性影响就行。知道自己喜欢什么东西很容易，知道什么东西好就困难多了，但要是你能把好东西找出来，你会对自己喜欢的东西更加欣赏，甚至让你喜欢的东西变得更好。

米其林餐桌的美德体验

　　如果有人告诉你，她一生中最不可思议的经历是在大都会歌剧院看意大利著名花腔次女高音歌唱家塞西莉亚·芭托莉（Cecilia Bartoli）扮演"灰姑娘"，在伦敦温德汉姆剧院看英国女演员戴安娜·瑞格（Diana Rigg）出演《美狄亚》（Medea），在德国下萨克森州汉诺威市听奥地利钢琴家阿尔弗雷德·布伦德尔（Alfred Brendel）演奏舒伯特的降 b 小调第 21 号钢琴奏鸣曲，在西班牙最大的美术馆普拉多（Prado）漫步了整整一下午，你或许并不认同她的品味，但恐怕会尊重她的选择——除非你觉得她是在吹牛。但如果她接着说，可这些全比不上在巴黎米其林三星级餐厅光韵吃的一顿晚餐，你对她的看法恐怕立刻会下调好些档次。就连餐馆评论家杰伊·雷纳（Jay Rayner）都对我说："站在抽象主义表现派名家罗斯科（Mark Rothko）的画作面前，跟坐在一家顶级餐厅里，这两种体验是无法比较的。如果有人说自己能，我会对他深表怀疑。"食物可以很好，甚至可以精彩纷呈，但绝对不能跟艺术并列同等地位。

但为什么不能呢？稍加检查，就可发现，表面上最明显的反对意见站不住脚。有人说一顿饭吃过就算了，而真正的艺术永恒存在；但所有的表演也都是一次性体验，结束之后就无法精确复制，录音录像跟现场表演又不尽相同。同样道理，一盘菜你只能吃一次，但厨师可以反复地创作它，每一次都是对相同的食谱进行略有不同的"表演"。

还有人会说，食物没有"认知内容"，不包含能带走或者思考的真理（道德上的或者形而上学的）；但艺术也一样。总有人努力从舞蹈、抽象绘画或者乐曲中提炼"意义"。通常而言，意义只是体验中价值最少的部分，甚至根本就不存在。好多次，我读到策展人为艺术作品或舞蹈所撰写的标题和简介，总发现它们把视觉上的惊喜变成了哲学上的平庸。这个世界充满了"对幻觉与现实区别表示怀疑"的作品，但大部分此类作品的深刻度，还比不上一篇本科生的论文。可从审美对象或表演的角度来说，它们有可能是非常精彩的。

最后，也可以简单地说，一顿饭不能像最优秀的艺术那样深深地打动你。一顿饭想要让你流下眼泪的唯一办法，就是厨师使用了太多的辣椒。这里，我们大概瞄准了真正的差异。但与其说它道明了食物为什么不能是艺术，倒不如说它揭示出食物本身就是一门独特的艺术形式。

在所有的哲学问题里，"什么是艺术"算得上最有趣也最烦人的一个。对我来说，好些年来我都觉得，这显然是一个没有答案的问题嘛。艺术变化多端，它们之间并没有一个单独的共同点能将其与非艺术作品区分开来。毕加索的立体主义作品，以纯粹的形式感体现其神来之笔；简·奥斯汀的天才则体现在她的心理洞察力上。《泛蓝调调》（*Kind of Blue*）的伟大，在很大程度上靠的是伟大的爵士乐手迈尔斯·戴维斯（Miles Davis）；而贝多芬的弦乐四重奏第 14 号，精华在于作曲。艺术的有些特点适用于很多情况，但每一特点的重要程度却取决于待议的作品，不适用于整个艺术。所以，如果你认为从某个意义上说食物真的可以视为艺术，那么，努力将它套在其他艺术的模子里就毫无意义。你需要解释的是，它为什么是一门独特的艺术，它又为什么有资格与其他艺术并驾齐驱。

食物即艺术

我所见的支持食物是艺术的最有力证据，来自在瑞典弗兰森／林德伯格餐厅的一个夜晚。这家餐厅仅用两年时间，就获得了米其林两星评级，一跃成为全世界最佳餐厅权威排行榜里的第 20 名。我到那儿去，只是觉得自己既然要写食物，不在精致餐饮的巅峰上体验一番太说不过去了。而且，在这以前，我还从没去过米其林星级餐厅。选择这一家是因为，我知道自己要途经斯德哥尔摩，大厨比约恩·弗兰森则接受了我的采访请求。遗憾的是，用弗兰森本人的话来说，"这是北欧地区最贵的餐厅"，人均消费在 350 欧元上下。如果你点最好的葡萄酒，在餐厅的花销可以高得没谱；但除非你一个人吃两人份，在任何一家英国餐厅，你都不可能花到这个数。我深深吸了一口气，对自己说，这是搞研究，我会靠写文章把成本赚回来的。这次的经历，跟普通的外出晚餐截然不同。一家好餐厅，通常是一个环境舒适、好吃好喝、能提升陪伴乐趣的地方。

在弗兰森／林德伯格，食客们醉心于套餐 19 道菜的表演，社交退居幕后。"表演"这个词似乎恰如其分。就连菜单（是手写书法的羊皮纸，卷起来，用绳子拴着）也像是一出节目，把一顿饭分为序幕、两节正章和尾声。弗兰森告诉我，到一家真正的好餐厅去"跟去剧院一样"，"如今的餐厅不仅仅关于盘子里有什么，还包括了其他许多东西：讲故事，食材，食材从哪儿来，如何呈现食材，餐厅的外观和感觉。"

客人就座，看到桌子前摆着一口玻璃顶的小木箱，木箱里有一块小面包大小的面团。此时，演出就开始了。木箱被人端走，放在明火上烤。它要等9道菜过后才端回来，领班乔恩·拉科特（Jon Lacotte）拿着一套杵和研钵，碾磨起了黄油。和精彩的节目一样，这不是为了表演而表演，它是为了推动情节，为之增添光彩。这不是敲盘子或者胖厨师扔面团的廉价戏耍。等你一口咬到热乎乎黄油面包的精华，你知道那就是证据。

再有就是"鞑靼式炭火烧牛肉"（coal-flamed veal tartar），拉科特把一整块生牛肉拿到我们桌，用喷火枪对准它一直烧，直到肉的表面变成了一坨煤炭。这同样不仅仅是一场戏剧式的炫耀。它意味着，等肉端回来，切碎了，配搭着11岁奶牛的油脂、熏鳗鱼和黑鱼子，你会更清楚吃的是什么。这也是为什么拉科特对端上桌的每一道菜都只略加解释，而不像某些自命不凡的餐厅犯下致命错误：介绍菜品的时间比你吃它的时间还长。

和所有的表演一样，它不仅仅跟你做什么有关，也跟你以什么样的顺序、什么样的步调做有关。"套餐是很讲究节奏的，还有上菜的速度。"弗兰森说，"一道菜放在套餐的哪一个位置，也很有讲究。有时候，我们在套餐里配上了一道我觉得超级棒的菜品，可我问服务员，又跟顾客谈起，却没有人注意到那道菜。我不知道这是怎么回事。这或许是因为它在套餐里放错了位置。所以，把它跟其他菜换个位置，顾客们就注意到它了。"

弗兰森／林德伯格找到了恰到好处的步调和节奏。我后来又去了英国一家比较低调（相对而言）的米其林一星级餐厅。虽说有些食物跟弗兰森／林德伯格比起来毫不逊色，但它的流程太过冗长、空洞。没有无缝的流程，它无非是一顿很好吃的饭，本身并不值得你付出如此高昂的代价。

颇能说明问题的是，弗兰森把到自己的餐厅跟到剧院做比较时，他首先坦白说，这么比较听起来可能显得有点自命不凡。毫无疑问，他是对的，你说不定也发现，我写的有些内容同样显得颇为做作。其他的厨师和美食作家似乎也不愿意太过明确地将食物比作艺术，哪怕他们并不否认两者有着相似之处。比方说，大厨弗格斯·亨德森（Fergus Henderson）告诉我，"欣赏食物可以跟欣赏艺术一样带来强烈的感情和影响"，但"把它叫做艺术，并不会让它增光添彩"，"它跟艺术只算点头之交"。亨德森态度有所保留的原因在于"食物很接地气"，但我以为，这正是烹饪可称为艺术甚至更胜一等的头号原因。同样，弗兰森说："我们绝不要忘了，等一天结束，我们去餐厅，是因为我们饿了，而餐厅里有吃的。"从某种意义上说，他完全弄错了。很明显，你去弗兰森／林德伯格餐厅绝不是因为你饿了。相反，正因为你决定要去弗兰森／林德伯格，提前好几个星期甚至好几个月就预订了席位，你会确保自己去的时候已经饿了，你希望物尽其用。然而，的确存在这样的感觉："不过是吃的东西嘛。"当创意媒介是一种贴近"肺腑"的东西，你一定不会忘记人的动物性。一如亨德森所说，它让你接地气，这就是为什么你从知性上思考食物，会显得有点做作。

想象不到的也能变为真实

食物跟其他许多艺术形式非常不同，它能创造一种超然感，一种跳出了凡人的境界尝到了神圣东西的感觉。事实上，许多人也正是出于这个原因，才认为艺术如此重要。而我想从另一个角度提出观点。艺术的问题在于，它可以蒙蔽我们，让我们忘了自己是凡俗的血肉之躯。烹饪艺术的长处则在于，它们既是其他动物做不出来的创造物，这让我们感到愉悦，同时又提醒我们，不忘自己是灵体合一的生物。精美的食物是内在而非超然的审美。就着鱼子酱和熏香菜吃上一大口比约恩·弗兰森做的骨髓，能把你带到一个如同天堂的尘世之界。

通过这样的体验，你会获得一种有关活着的潜在紧张感的直接知识，用梭罗令人回味的话来说，这意味着"汲取生命中所有的精华"。这同样是审美体验中人们很熟悉的一方面。我发现，艺术，尤其是音乐，诱发出的最强烈情感是活着的心酸感。艺术体验的美丽紧张感，伴随着一种敏锐的感觉：它扎根于时间，因此也会随时间而逝，总有一天，这种体验不复存在。如果说食物带来的这种感觉稍许逊色，可真实感却更强。用理性的右脑吃美味的食物，你同样会产生类似感觉：它非常美好，它属于凡俗的生活。正因为这种体验来自饮食（它是日常生活的一部分），信息才来得如此有力。

我以为，淡化审美体验的动物性，是康德理论吸引力的一部分。他认为，我们从艺术里得到的愉悦，是一种特定的、无关私利的快乐，也就是说，它无关任何功利目标。所以，色情不是艺术，因为它的目标是性唤起，反过来说，米开朗基罗的大卫则激发出敬畏感。我们说足球比赛里出现了一个"漂亮的进球"，但进球是为了达到比赛获胜这一目的，本身并不仅仅是要体现美。根据这种说法，食物不是纯粹的审美愉悦，因为它天然地跟满足欲望或食欲结合在一起。同样，亚里士多德也认为，触觉和味觉是"奴性而野蛮的"，因为它们是"畜生也有的快感"。

毫无疑问，康德和亚里士多德看到了某个关键。如果愉悦仅仅来自满足即刻的生理需求，一般而言确实比较肤浅，没有太大的意义。但有利害和无利害愉悦的区别，并不像康德理论里所说的那么明显和尖锐。艺术其实很少是完全无关私利的。

艺术家大多希望能够谋生，得到认可，而歌剧观众、文学小说的读者和诸如此类的人，也都会受到炫耀式文化消费魅力和地位的诱惑。除了可供追求无关私利的心灵生活，美国国家美术馆和伦敦大英图书馆也都是出了名的单身人士寻找志同道合伴侣的好去处。另一方面，认为体育和食物没有无关私利的元素，似乎纯属偏见。体育运动里总有一些让所有观众叹为观止的精彩时刻——这与观众喜欢的球队或选手是输是赢没有关系。比约恩·弗兰森的牡蛎、大黄冻（frozen rhubarb）、奶油和杜松进入我嘴里的那一刻，我所体验到的喜悦决不是因为饥饿感得到了满足。

我认为，康德的见解是，最深刻的审美体验不是纯粹功利性的，但这并不是说，功利性一定会污染审美，一种愉悦越是无关私利就越好。事实上，我认为，清晰地体现出传统认为低贱的元素，反而会带给体验更多的深刻性。我们吃喝的时候，既满足了口腹之欲，同时也体会到全然无关功利的享乐愉悦。故此，我们这才活得像是个完完整整的人，从总体上意识到复杂的灵体合一性质。

在某种程度上，一如全世界四大顶尖厨师——费兰·阿德里亚、赫斯顿·布卢门撒尔、托马斯·凯勒和哈罗德·麦吉——发表的联合声明所说，"准备和提供食物，可以成为最为复杂、最为全面的表演艺术"，因为，只有"饮食行为，涉及了所有的感官，也涉及了我们的思维"。声音、触觉（纹理）和视觉，都会影响我们对食物的感受。例如，牛津大学的马西米利亚诺·赞皮尼（Massimiliano Zampini）和查尔斯·斯彭斯（Charles Spence）进行了一场如今很出名的实验，表明如果人们听到放大的薯片咬碎声，会觉得它更爽脆。因此，从这个意义上说，传统艺术看似更出众，部分是因为它们有所不足：它们并不调动味觉和嗅觉，从而阻碍了我们体验最为有形的元素，让我们忘了后者的核心地位。

艺术奉承我们，让我们自以为具备动物性无法解释的深度。这可能会让我们感觉更高级，但这种宽慰是虚假的。有些人觉得艺术能让我们变成更好的人，我总为此感到困惑。就不必说那最明显的例子了：纳粹看歌剧也抹眼泪呀。人们走出电影院，对露宿街头的流浪汉视若无睹。他们背着妻子，带着情人去逛画廊。从作家和艺术家本身来看，他们也跟一般人一样具有利己主义和兽性。艺术并未让我们变成更高级的生物；它只是让我们感觉成了更高级的生物。食物同样不能让我们变成更高级的生物，但它能让我们欣赏低等生命的生活是多么丰富和有价值。

一盘子淋了橄榄油的西红柿，再来些九层塔和面包，如此简单的东西就能带给你这种感觉。美食为我们的艺术体验增加了另一层熟悉的元素：一种超出了我们的理解力，由自身创造力所带来的秩序感和和谐感。毕加索的立体主义作品做到了这一点：七零八碎的复杂性里却莫名其妙地出现了连贯感。面对某些艺术作品，人们会情不自禁地想："我觉得我也弄得出来。"我想这就是原因所在。如果你面前的作品既不让你觉得非凡，又没让你感觉它在你的理解或能力之外，你就不会觉得该作品超出寻常。我用的是"超出"（surpasses）而非"超越"（transcends），因为我说过，我认为后一个词有误导性。艺术最不可思议的地方在于，它是人类创造力的产物。艺术家并未超出人类的条件；相反，它扩展了身为人的可能性，向我们显示了如何"超出自己"。

最优秀的烹饪也能达到同样的效果。你不会觉得"我在家里也能做"，你会想，创造出如此梦幻般口味和质感组合，一定需要天才。在弗兰森／林德伯格餐厅，有一盘达到了此种精妙程度的菜品叫做"播种季节"（satio tempestas）。从表面上看，它要是什么特别的东西反倒不可思议了。一份包含了40种不同食材的小沙拉，所有的食材都是他们当天从自己的两个菜园里收获的，切得很碎，混在一起，每吃一口，都能尝到好几种不同的新鲜蔬菜味。可这是一盘招牌菜，菜单里最美味的一道菜。让无法想象的东西化为真实，往往是创造力价值的一部分，烹饪也不例外。

一辈子没吃过好食物，就像一辈子没欣赏过好艺术

事实上，人类创造力的某些价值，是独立于应用领域的。认为人能创造出永恒的作品，这太狂傲了。所有的一切，归根到底都是尘埃；只不过，食物变成尘埃的速度更快，说它诚实，道理也在这。许多具有创造力的人，以实现卓越为主要目标，他们选择的表达媒介反而是次要的。举例来说，当上厨师之前，弗兰森在瑞典顶级足球俱乐部"AIK 斯德哥尔摩"做职业球员，20 岁时受伤才结束职业生涯。想到他从事两种迥然不同的职业都做到了最顶级，我便问弗兰森，不管置身什么领域，真正推动他的是不是追求卓越呢？他点点头："现在它碰巧是烹饪；但它也可以是其他任何事情。"伟大的寿司师傅小野二郎也有过类似的说法："你必须把一辈子都用来修炼技能——不管这技能是什么。"

这顿饭值 350 欧元吗？我可以证明这个价花得有道理吗？这两个问题略有不同。从某些方面来说，它的确值 350 欧元，因为弗兰森说，餐厅的生产成本达到了 349 欧元。"一切都返还给顾客了。一切。我们的利润几乎是零。"最优秀的厨师首先追求卓越，而后才思考怎样应付成本底线。另一位合作伙伴，糕点师傅丹尼尔·林德伯格（Daniel Lindeberg）告诉我，账单费

用的 40% 来自食材的价格。就在我拜访过后的那个夏天，为了把餐厅带到另一个高度，他们把小饭厅关了，改成了额外的厨房，把厨师的人数增加到11 人，把容客量降低到 17 人。一如歌剧需要管弦乐队、合唱团和全世界最优秀的独唱歌手才能凑齐演出，这顿饭这么贵，是因为它的生产成本就这么高。

当然，这不是价值的唯一含义，甚至不是主要含义。我认为它值，因为它是一场终生难忘的体验，揭示了烹饪技能所达到的炫目高度，但这并不意味着我能满怀信心地说，这钱花得有道理。一方面，我很幸运。整体而言，我去过的高端餐厅，物有所值的寥寥无几，而且还有些餐厅我真心不喜欢。去一家顶级餐厅是一场代价高昂的赌博，这一回我赌赢了，并不证明一开始拿钱去冒险本身有道理。

虽然我觉得在弗兰森 / 林德伯格就餐的审美体验可与高档艺术的价值相媲美，可既然我已经对食物达成的奇迹开了眼，我没有信心说，再去一次，或者再到其他顶级餐厅去，能达到相同的效果。所有伟大的艺术家都以自己的方式，丰富了我们的想象力和审美视野，每一种新作品也都以新鲜的方式打开了我们的眼界。食物能带来同样丰富的样式和品种吗？我不是从修辞角度提出这个问题的。我怀疑答案为否，尽管我说不准。诚然，烹饪在不断发展，不同的厨师有不同的风格，这也是你一辈子能多次品尝到最优秀烹饪的原因。但我觉得，费兰·阿德里亚和雷内·雷哲皮（René Redzepi）的美食带给我的审美体验差异，无法跟伦勃朗和凡高画作的差异相比。所以，在我看来，尽管到访一家昂贵餐厅的审美价值有可能比到一家画廊要高，但参观 10 家优秀画廊带给你的感受，比到访 10 家最佳餐厅更丰富。

为什么一个没有美食的世界，在匮乏程度上跟没有最优秀艺术作品的世界完全无法相比，另一个原因是，如果烹饪艺术的价值在于它用接地气的方式让我们认识到自己的本质，那么这种价值大部分来自于良好的日常饮食。而天才的画作跟只称得上良好的画作是两种完全不同的东西。伦勃朗的自画像带给人一种超出画作本身的人性感，一种惊人敏锐的生命潜力，一幅普通的画作则不具备这种神韵。另一方面，对食物而言，不需要什么特殊的天才就能为我们开启活着的奇迹，而且，买到一份好吃的奶酪、香肠甚至大面包，都能让我们为人类的聪明才智发出感叹。这就是为什么高档美食可有可无，高档艺术却不能没有。

因此，我认为，一辈子没吃过好的食物跟一辈子没欣赏过优秀艺术的生活至少是同样贫乏的，烹饪艺术确实有资格跟其他艺术并驾齐驱。但它的价值更多地来自日常实践，而非最优秀从业者的杰出成就。它是一种日常的艺术，它所有的优点也都来自这一方面。

你可能认为，把食物视为内在艺术的观点，就像是时尚餐厅里端上来的莫名其妙的天价内脏，是一堆自命不凡的胡说八道。即便饮食只是单纯的体验，有一些"单纯的体验"也很值得一试。生活里不只有巅峰时刻，但巅峰时刻极大地丰富了生活。一如美食评论家杰伊·雷纳的看法："如果花大笔金钱去看你喜欢的球队打入世界杯总决赛，看伊娃 - 玛利亚·维斯特布洛克（Eva-Maria Westbroek）在皇家歌剧院演唱《尼伯龙根的指环》（*The Ring Cycle*）——我们都知道这有多贵——没什么问题，那么，花同等价格在一场优秀的体验上，从道德方面就没有什么错。它只跟你希望以怎样的方式购买自己的记忆和体验，以及你给这些体验贴了什么样的价格有关系。"

如果你选择花些钱吃得惊人地好，你至少可以宽慰自己说，很多知识分子也觉得美好的食物能带来极大的愉悦。阿尔贝·加缪出车祸身亡之前的最后一餐，是在当时法国最顶尖的餐厅，图瓦塞的奥夏蓬（Au Chapon Fin at

Thoissey）享用的。艾耶尔（A. J. Ayer）爱在常春藤（Ivy）餐厅吃饭。大卫·休谟说自己"在烹饪上有着了不起的天赋"，还吹嘘说，谈到牛肉、白菜、羊肉和陈年波尔多红葡萄酒，"没人超得过我，"有人喝了他做的羊头汤，情不自禁地赞美了整整八天。不管是不是艺术，食物的的确确是一种值得充分尊重的愉悦源头。

不过，我又总有一种感觉，频繁沉迷于美食是错的。我在弗兰森/林德伯格那顿晚餐的最后时刻，为这种想法找到了解释。当时，我正就着甜点喝着咖啡。我不怎么喜欢马卡龙，但这些……脑海里闪过的形容词是"无与伦比"，但我之前已经用过十多次了。把每一道菜都形容为"精彩""非凡"，就不会自相矛盾吗？怎么会有这么多的东西都脱颖而出？或许，这才是不该频繁做这类事情的原因所在。就连乔治·洛卡泰利本人，也不赞成在秋天的十多个星期里天天到他的昂贵餐厅去吃松露。"我一直认为，"他说，"不应该连吃上 20 次，每年两三次就够了。每次你品尝松露的时候，它都应该是一种特别的东西。""无与伦比"的东西，不管多好，也不能变得触手可得。到真正的顶级餐厅去吧，为了纯粹的愉悦，也为了拓展你的审美感受；但别去太多，每次去都要细细品味。

每餐饭都是一段光阴

想象一下，你的医生告诉你："你是典型的早发性帕金森综合征。"用什么样的方法才能最好地应对这样的冲击（过不了多久，你会说它是一辈子最大的遗憾）呢？大哭？祈祷？去看心理医生？如果你是大厨弗格斯·亨德森，答案就简单多了："我会去吃一顿特别好吃的午餐，感觉就好多了。"同样，你问他明天失去一切怎么办，他回答，尽管觉得"有点失望"，但他会去"吃一顿午餐——这能抚平一切——接着再琢磨怎么把事情重新安排"。

如果你认为亨德森在这里说的仅仅是绝望的"安慰进食"（comfort-eating），那你可误解了他，也误解了午餐。倒不是说安慰进食有什么错，毕竟，我们是灵体合一的生命，能抚慰我们身体的东西为什么不能抚慰我们的灵魂？虽然我们有时只是想在低沉期来些脂肪、糖和碳水化合物的冲击，但更多时候，我们寻求的是情绪上能产生共鸣的东西：来自童年、快乐时光、美好地方的味道。不管是否具备这样的性质，良好的食物都有着非凡的潜力缓解我们的生存焦虑，提醒我们哪怕是在最糟糕的时候，正常的平凡生活也很美好，并能再度降临。心灵和思想告诉我们一切很可怕，嘴巴却可以轻声低语："没错，但披萨饼还是很好吃。"杰夫·戴尔（Geoff Dyer）描写过一盘绝妙的鸡蛋、熏肉和薯饼炒饭，完美地再现了这种体验："我止住哽咽，继续吃早餐，它们还是那么好吃，并不因为我神经衰弱而变得难以下咽。"

不管怎么说，亨德森说的不是他要为寻求安慰吃一大块巧克力，或是到纽约苏豪区的意大利酒馆吃一份他最心爱的烤西红柿、奶酪和火腿拖鞋面包。他说的是去吃一顿午饭，而午饭，和每一顿正餐一样，不仅仅是一堆食物的集合。美食作家塞卜·埃米纳（Seb Emina）曾形容早餐是"一天中的一段光阴，而不仅仅是一顿饭"。午餐和晚餐同样可以这么说。如果我们光把早餐等同于给油箱加些油，好让我们撑到午餐时间，那么上班途中买根含糖的燕麦棒、一杯外卖拿铁咖啡，也就足够了。但不管路上的早餐营养有多充足，它始终给这一天奠定了匆匆忙忙、讲究实用的基调和节奏。吃喝成了日程表上需要尽快完成，以便我们继续埋头工作的一桩任务。

花些时间坐下来，吃一顿悠闲的早餐（无须特别丰盛，但要坐在桌子边上，跟人聊着天，听着广播，翻阅着报纸，甚或默默静想）就很不一样。舒缓地开始一天，承认舒缓的价值，好让我们保持专注和判断力，而不是简单地被每一天的责任推着往前走。它可以用来提醒我们，值得做的事情就值得花时间恰如其分地做，生命不是一份待办事项清单，要尽快把上头列出来的事情一一划掉。

通常，每当说起良好的饮食，总有不少人会抗议说，这当然很好，但大多数人没这个时间。但通常，答案也有些严酷：这一般都不是有没有时间可用的问题，而是优先次序和时间管理的问题。给自己 15 分钟的早餐时间，意味着提前 15 分钟起床——前一天提前 15 分钟上床就可以了。我真的不相信，如果大多数人真心想这么做竟然会做不到。如果你觉得自己确实需要在每一天结束的时候，把这额外一刻钟用来瘫倒在椅子里，喝上两三杯葡萄酒，那这或许是个迹象：你需要比其他人做出更多改变。毫无疑问，要是人们过着苛刻的生活，这样松松发条确有必要；但需要放松多少才够，取决于你最初把发条紧到了何等程度。我以为，早餐能帮助你带着不那么紧张的发条开始新的一天。

好好吃，让每一天都有个好步调

午餐和晚餐也有助于为生活确立一套健康的节奏，从这个方面看，午餐或许是一天中最重要的一顿饭。在英国和北美，午餐基本上已经沦为一轮以三明治标准组合为基础的仓促加油：切片面包，通常涂了些人造黄油，夹着奶酪、火腿，或者奶酪加火腿，外带一包薯条——英国人每人每年平均要吃100包薯条。我认为，把这套基本配方叫作"午餐包"很生动。这是一个赤裸裸的功利性短语，在中午饭一般得坐下来慢慢吃的文化里没有恰当的对应译文。不管是学校的饭盒，还是便利商店的"膳食服务"，无处不在的薯条三明治组合，用铁腕的效率标准化了英国的午餐时光。

故此，盎格鲁 - 撒克逊人的午餐，跟早餐一样，被压缩到了让就餐者能够凭借其继续追求新教工作伦理所需的最低限度。在这种文化下，漫长的午餐永远只能带来负面联想。"吃午餐的女士们"没有其他的事情可做，商务午餐则是工薪阶层用公司的钱畅饮美酒的额外福利。20 世纪 80 年代"只有懦夫才吃午餐"的概念，不是什么怪异的畸变，只是把文化规范略略夸张罢了。只有在星期天，人们才会进行一顿时间稍长、稍微郑重的午餐，因为它是全家人一起吃饭的古老传统的最后一缕余韵。

在地中海附近的天主教和东正教国家，情况很不一样。虽然盎格鲁 - 撒克逊的习惯也逐渐在那里确立起来，法国如今更是麦当劳在美国之外的第二大市场，午餐基本上还是一项需要坐下来，持续时间比许多英国人午休时间（一般的白领上班族不到半个小时）更长的活动。

希望在午餐上多花些时间，并不等于对漫长、懒散又放纵的午餐怀有浪漫、享乐的欲望。一如亨德森的认识，一顿恰当的日中餐的主要价值在于它事关一天的节奏。你完成了上午的工作，午餐给了你一段间隔期，让你得到了充电、评估状况、保持"有序和冷静"的机会，"为下午"打开了"潜力"。再换一种比喻：典型的盎格鲁 - 撒克逊式的一天，以点燃本已疲惫不堪的发动机拉开序幕，然后让它持续工作，直至油尽灯枯。地中海式方法是好好地检查，加满油，开机运转；接着到了中午，让它休息，加满油；下午重新良好运转；回到车库时也体体面面的。

这种潮起潮落的韵律自然带来了晚餐，它是上床休息之前的放松前奏。理想情况下，它不该太繁重：你正准备结束这一天，你最想要消化的不是刚刚吃掉的东西，而是这一天里发生的事情。不过，要是我们想吃点特别的东西，或者到外头下馆子，晚餐这一顿仍然是重头戏。这就是为什么如果你想到顶级餐厅吃饭，在不那么热门的午餐时间去往往会很便宜。

用三餐设定一天节奏的方式，这可不是什么无关紧要的小事。每一个工作日，我们的大部分时间都用来工作了，而大部分的日子又都是工作日。如果这些日子毫无乐趣，让我们疲惫不堪、沮丧低落，我们就没法过上有质量的生活。不是所有人都足够幸运地找到了可带来丰厚回报的工作，但要是我们的工作日能遵循一种文明的惯例与节奏，与人灵体合一的性质相吻合，我们就能更好地度过工作时光，为一天剩余的重要时间保留更多的精力和热情。

一人食

我读研究生时，搬进了北伦敦的一所房子做房客。房间的设计用意是尽量配置齐全，它面积适当，一个角落里装着淋浴器和水槽，另一个角落里放着冰箱，还有个双火头的炉具。这房间里只缺了一样东西。我问身为大学讲师的房东能不能帮我找到，我自己去买个便宜货也行，但希望房东帮我出这笔款子。所议的这件家具是一张折叠餐桌——我吃饭总得有个坐的地方吧。

她的反应出乎我的预料。她看上去真的挺吃惊：我，一个单身男青年，会想要坐在桌子边吃饭。或许是我有些奇怪。她之前的房客甚至不知道炉具能不能用，因为他只吃外卖。不光年轻人这样，有调查表明，近 1/4 的英国家庭没有餐桌；有餐桌的家庭里，不到半数用它来吃饭。这或许又跟如下事实扯得上些联系：英国约有 760 万人（约占总人口的 15%）独自居住，也就是说，1/3 的英国家庭只有一个人。

我们的文化里有一种强烈的暗示：吃得好和单身不挂钩。所有好吃好喝的典型意象，几乎都是社交性质的：和家人一起进周日午餐；两个人的浪漫晚餐；热闹的晚宴舞会，葡萄酒加上轻松的谈话交流。再想想独自就餐的刻板形象：可怜的单身汉泡着方便面；老姑娘吃着热量控制的便餐；孤独的退休老人，用汤锅热着汤。大众眼里唯一视为愉悦的独自就餐就是充满愧疚（重重地强调"充满愧疚"这一点）、暴饮暴食地守着一整箱的巧克力或者冰激凌，而这又极有可能被人看作是排解悲伤的绝望可怜手段。如果一个人在餐馆独自就餐，则会被认为有人爽约，或者是就餐者出公差有一笔丰厚的预算。尽管最近几十年里烹饪书籍出得如火如荼，但只有一本重要作品是以单身下厨者为目标的，就是迪莉娅·史密斯的《一人食也得乐》（*One Is Fun*），书名清楚地暗示，大多数人觉得一个人吃饭不开心。

在我成年后，单身的日子多过跟人结伴的时候，硬币的两面我都体验过，并不想夸大自己生活和吃饭的乐趣。有些人真的更喜欢独自生活，而另一些人却觉得一个人非常难熬，宁可跟不合适的人一起生活。大多数人都处在上述两种情况之间的某个位置。我单身的时候这么说，现在也这么说：如果你偏巧是单身，犯不着假装这是心满意足的理想状态。拥有一段良好的关系，或者跟你合得来的人共处，这非常好；但要是卡在一段可怕的关系里，或者遭到无法容忍的室友折磨，那就再糟糕不过了。他人既是天堂，也是地狱，而地球上也有一些快快乐乐的无人孤岛。

若要赞美孤独生活的种种优点，人们往往爱谈到独立性或者自给自足，但在我看来，这些东西本身并不必然是好事。把两者说成是不可或缺的美德，你就否认了建立与他人相互依存的良好关系带来的更大回报。此外，这种必要的美德，很容易烟消云散——因为，说实话，大多数人都会很高兴地为了合适的伴侣，牺牲大部分的独立性。独处真正考验的德行是内在的。不管是自己生活，还是与他人结伴生活，丰富的内心世界都能带给我们益处。

这个社会对于独自用餐者的偏见

我这么说，并不是专指那些不需要外部刺激的事情。事实上恰恰相反。拥有丰富的内心生活，意味着你能够把自己的体验，从知性、审美或情感的角度加工到自己的思想里。如果没有这样的内涵，经验就只是走马观花，生活也变得肤浅。外部刺激可以逗乐、取悦、振奋或安抚缺乏内涵的人。可一旦把激起反应的东西拿走，这些人什么也留不下。拥有内涵的人却能够通过记忆、思考、无声的自省扩展并深化这些体验，或以之作为创造性活动的灵感。通过这种方式，人不会愈发退归自我，而是更加主动地参与周围的人和事。也正是因为这个原因，最需要他人持续刺激的人，往往最为孤独，与世界互动最少。从本质上说，社交活动是一种分心的方式，让他们暂时忘记了内心要面对的生存挑战。空洞的人从不坐下来读书。

对于大多数人来说，做饭吃饭并不能极大地为内心生活提供养料。但对有些人来说却可以。如果你对食物有些许的兴趣，那么伙食就不单单只是加油充电的机会。你会注意到菜肴里有些什么让人愉快或者不愉快的东西，下次可以怎样调整做法，或者怎样回家如法炮制。这些不是什么崇高的想法，但它们在生活里发挥着作用：探寻、关注平凡体验的丰富性和价值。

单身人士和其他所有人一样能够参与进来，从自己吃的东西里获得快感。那么，为什么会有这么多人在说话和行动上暗示独自就餐只是为了填饱肚皮呢？这就好像是在含蓄地假定，单身人士不应该或者不能够从烹饪和餐饮中享受快乐。可为什么不能？如果说人不应该从烹饪和饮食中获得快乐，恐怕谁也不相信。那么对单身人士的既定看法，就并不可能是这个想法的外延。

碰到这种找不到合理解释的时候，我会尝试哲学家珍妮特·拉德克利夫·理查兹（Janet Radcliffe Richards）的建议。她说，不妨问问："在什么样的信念之下，这种态度就变得合理了呢？"如果你只找得到一个似是而非的候选答案，那么，不管这种信念有多么疯狂，你都有充分的理由认为它就是所议态度背后的基础。本例中，我认为，唯一的解释就是，食物和饮食只是一种隐而不显的普遍信念的两个例子，即：单身人士不应该或者不能够从生活中获得快乐。当然，虽然我说得这么大胆，肯定不会有人当众说就是如此。但如果你看看人们怎么谈论、怎么对待单身人士，你就知道实情就是这样。普通人就是以为，自称快乐的单身汉不是怪物，就是自欺欺人。

这种偏见可以用进化学说来解释：人的亲社会倾向是我们整个物种合作需求的产物。我们对独来独往的人冷眼相待，因为他们蔑视了人赖以生存的社会性。人们还经常怀疑地对待那些说自己不想生孩子的人，原因大概也在这里。但不管根源到底是不是进化，人们确实总爱把心满意足的单身人士看成威胁。这些人不需要别人，相形之下，其他人觉得自己不够圆满。这些人满足于自己的能力，让我们对伴侣的渴望显得太过分了。这种观点或许太根深蒂固，很多单身人士不肯花时间做饭吃饭也能用它来解释：一想到自己独自生活也心满意足，他们吓坏了。他们以为，只有怪胎和怪人才能快活地独自生活，"我可不打算成为他们里的一分子"。

这些想法都是推测，但主要的观点应该没有争议。为什么我们不应该享受独自烹饪和独自就餐（如果我们喜欢食物），眼下找不到合适的理由来解释。尽管人们在原则上表示认同，但实际上，对独自就餐者的普遍歧视一目了然。

"独自一人在餐馆里感到自在，是成年人的真正标志。"哲学家巴里·史密斯告诉我，"你是最自在的人。你可以扫视房间，你看到已婚夫妇彼此之间默然不语，你看到约会中的热切青年，等等。总之，你很轻松：你用心品尝食物，享受独处的时光。"

虽然有些人可能更喜欢单独就餐，史密斯也和我一样，喜欢在良好的陪伴下吃饭，但碰到糟糕的陪伴，则是最可怕的选择。单独就餐符合我的人生格言：绝非完美，但远超足够好。更重要的是，它提供了一个培养丰富内涵的机会；有了这种内涵，我们跟他人共享餐桌时，就会变得更得体、更有趣。

22

欢宴的喜悦

THE
VIRTUES
OF
THE
TABLE

　　"别在我的厨房里用这个词！"英国慢食运动负责人凯瑟琳·加佐利喜欢这场运动的精神，但受不了它拿腔作调的词汇。隐喻性的"美味方舟"专门收集各地特产食物，受地方"要塞"（presidia）的保护，每年的"大地母亲日"（"Terra Madre" day）进行庆祝。[①]在加佐利看来，这一切都在阻碍潜在的英国会员加入本地慢食运动团体；要是人们知道慢食运动给它起的正式官方名字，就更没救了。这就是她禁止使用的那个词——圣筵（convivium）。

　　这个词的拉丁语词根是"欢宴"（conviviality），意大利人看到它，大概只会联想到餐桌周边的呼朋唤友和社交。好吃的东西、美酒和好伙伴搭配在

---

① 此句的英文原文均为冷门或挪用他国语言的用法，不是常见英文词汇，所以作者说它"拿腔作调"，下文的"圣筵"也是一样。——译者注

一起，通常是在庆祝。然而，"圣筵"这个词，以及非政府组织慢食运动引起的联想，则是中产阶级的餐饮俱乐部；至少，在英国，它越来越朝着这个方向发展。说这种"欢宴"是中产阶级的追求并不准确。比如，20 世纪 70年代末，法国社会学家皮埃尔·布尔迪厄（Pierre Bourdieu）发现，"农民，特别是产业工人，维持着欢乐放纵的伦理"，而"社会的最高等级"则"为了苗条"服从于"节制的新伦理"。因此，在"资产阶级或小资产阶级"的"餐厅和咖啡馆"，"每张桌子都是一块单独占有的领地"，而工人阶级咖啡馆则是"陪伴的地方"。

这种欢宴不应仅局限于餐桌边的一群朋友，还应扩展到陌生人上。许多到过世界贫困地区的人，回来的时候都会讲述当地人热情好客、献上某种食物的故事。分享膳食一直是让人受欢迎最简单也最强大的一种方法，它隐含着友爱而非相互猜忌的假设。

这种热情好客给我留下印象最深刻的一次，是锡克教的兰加尔（langar）传统。在世界各地，锡克教的礼拜场所"谒师所"（Gurudwara）欢迎所有人，无须任何理由就提供一顿免费餐食。在伯明翰的拿纳克宗师锡克寺（Guru Nanak Nishkam Sewak Jatha），我亲身经历了一次派餐活动，这里每周要分发 25 000 份饭菜，全由志愿者准备。

"兰加尔传统，是我们的第一位祖师在公元 15 世纪确立的，"该组织的主席摩伊德·辛格长老告诉我，"他的父亲给了他相当于20 个卢比的钱，说：'去吧，孩子，做些划算的买卖。'他就去给挨饿的圣人提供了食物。他回来之后说：'爸爸，我做了真正的买卖。'爸爸可不怎么高兴。"

考虑到买卖通常的意思，爸爸的态度可以理解。兰加尔不是买卖，辛格长老说，它是服务。"有些人会去吃麦当劳。食物吃起来很不错，但缺了一些东西，烹饪时的爱与奉献。"

免费提供食物，让我们以一种并非单纯交易或有意实现个人利益最大化的方式彼此联系了起来。这个例子再一次表明食物重要的基石作用，是它把我们所有人拉回了同一层面。摩伊德·辛格告诉我："兰加尔也是波斯语里船锚的意思。"这似乎并非巧合。"每个人都平等地坐在同一层，端上相同的东西，没有例外。自负是一种不良的人类情绪，这种情形能很好地缓解它。比方说，就连莫卧儿的皇帝，也跟普通人一样前来，接受端来的同样食物，而且在哈曼迪尔金庙（Darbar Sahib）里天天如此。每天，金庙要为大约 13 万人提供食物，有些人超级富裕，有些人非常贫穷，他们都以相同的方式坐了下来。"

食物让人们更平等

如果到了某个时候，人人既提供服务，又接受别人的服务，这种"拉平"就更有效了。摩伊德·辛格每天下午在谒师所亲自端茶送水。"实际上，如果你不谦卑，没有这种对别人的爱，不希望超越自己，你就不会为任何人端上食物。"

兰加尔的相互关系是，你可以今天为别人服务，明天接受别人的服务。而且它为所有人提供食物，不仅仅是为饥饿的人，意味着它跟慈善施粥的感觉完全不一样。"慈善给了你一点自负的感觉，即你在做善事；但实际上，为别人服务你应该真心感到高兴。"辛格长老说。但行仁不是一种可选的善意行为，而是一种责任。他说："为人们服务我们感到荣幸。"我采访的志愿者们也表达了同样的观点。

其他许多宗教传统里也表现了兰加尔式的美德，它们几乎都认识到分享食物的重要作用：团结人们，使之以正确方式彼此联系。举例来说，我去了几家本笃会修道院，发现他们都把饭菜视为社群生活的重要部分。克里斯托弗·贾米森神父告诉我："饭菜所蕴含的价值，在于它的共融。这是服务的机会，是结为社群、一同倾听的机会，因为饭菜静默无声。"在节日期间，饭菜也是表达喜悦的机会。"因为你有值得一说的特殊饭菜，你有了盛宴日，你选择吃很多，选择跟别人一起吃。"

这种沟通形式真正重要的地方在于它是在完整的人的层面上进行的。"我们聚在一起吃饭的时候，我们不光在身体上也在精神上聚到了一起，分享食物，这是极具人性的事情。"莱斯特郡圣伯纳德山修道院的约瑟夫神父说。同样，唐塞德修道院的戴维神父说："食堂里就是人做着人的事情，比如吃饭，彼此帮助，擦去水和污迹，都是非常凡俗的人的事情。"尽管做这些事，"是为了在人的层面上培养一种人人心里都存在上帝，以及人人都与上帝同在的感觉。"

食物是达成分享的最佳工具

喜悦、分享、社群、服务、人性化。我认为我们对待粮食援助的方法也应当表达同样的价值观。不应该把粮食援助视为富人给穷人的礼物，而是我们本着义务与同胞之情给予的分享。粮食援助也不仅仅是提供营养物质，尽管这很重要。分享的愉悦里同样包括了欢宴、共同生活的意思。电影《巴贝特之宴》（*Babette's Feast*）对此有过精彩刻画。巴贝特是个法国厨师，从大革命里逃了出来，为两名上了年纪的独身姐妹做管家；姐妹俩继承父业，主持着一个宗教社区。巴贝特准备好汤和面包，让姐妹俩给村里的穷人带去，穷人们高兴地享用着这简单而可口的饭菜。可等巴贝特暂时离开，姐妹俩准备的饭菜粗糙得叫人皱眉了。提供食物，让人们活下去，这很好；但如果你提供的是真正能让人"生活"而非"存活"的食物，那就更好了。生存不是分享财富和帮助他人的最终目的，它只是实现让更多的人过上圆满的生活这一真正目标的途径。

食物带来的真实欢乐，不光可在准备和进食过程中找到，也体现在种植过程中。比如，"托德莫登神奇粮食"项目"就不是关于蔬菜"，活跃人士埃丝特尔·布朗说，"而是让社群变得更强大"。它的主要目标不是那些相对较少的、积极从事种植的人。种植这一简单的活动，似乎能把所有人团结到一起。"人们开始互相交谈。如果你在公共的地方种胡萝卜，每个经过的人都会提出改进的建议，也许他们知道自己的奶奶是怎么种的，也许他们自己不知道这是什么，所以停下来问：'这是什么东西？'总之呢，它能让所有人都交谈起来。"

这个项目已经给许多人——远远不只是一小群中产阶级美食家——带去了益处。项目团队意识到，住在社会福利房或者拿福利津贴的人不怎么愿意来开会，所以就在户外设立了营地厨房，大声喊人出来领取免费食物。他们还在居民的菜园里搭起了免费西红柿架子。这以后，该小区有了自己的种植苗圃，当地住房协会"奔宁住房 2000"（Pennine Housing 2000）也参与到项目中来，新租户都会发给种植袋、土豆芽和养鸡许可。

从整体上看，全镇的破坏和刑事毁坏事件比项目刚开始时减少了 1/4 以上。就连坐在运河隧道下的醉鬼也不再乱扔垃圾，还用酒瓶子给植物浇水。电视明星厨师休·费恩利 - 惠廷斯托尔（Hugh Fearnley-Whittingstall）在镇上丰收节那天来拍摄自己的节目，布朗说，酒鬼正聚集在另一个经常出没的地方——公共汽车候车厅——喝得酩酊大醉。"休和他的团队在汽车站摘了些草药，他们就冲出来说：'你这混蛋！你居然把它们给摘了下来！它们属于托德莫登！'"

种植食物里似乎有些东西软化了人工建筑环境。警察局现在最引人注目的地方，是前门外的几处起着古怪名字的苗圃，"布朗宁警长的寂寞辣椒俱乐部"（Sergeant Browning's Lonely Peppers Club Band）[①]、"授粉站"（Pollination Station）和"公平作物"（A Fair Crop）。"警察局是人们来报告坏事发生，请求帮忙和协助的地方，而苗圃是它有趣的一个方面，"局里的值班警官告诉我，"这让它显得更有亲和力了。"

光从食物的纽带力量着眼，人们很容易想得太过浪漫。为了平衡，我们还应当记住，人们会为了争夺土地和水源打仗，世界各地的农民都在为牛羊夺食的事情吵闹不休。在某些方面，我们如何分享或者是否分享食物，也是人际关系强度的晴雨表。拒绝接受对方的款待，不跟别人同桌进食，都是敌意的明显标志。此外，还有政治层面。目前，全球贸易规则并未反映出健康的国际欢宴度。国际上没有分享，只有慈善机构，只有富人对穷人的施舍。富裕国家通过补贴本国农民，提高贸易壁垒，让贫困国家难以出口自己的农产品。

如果餐桌仅局限于朋友之间，那么欢宴就是肤浅、自负和纯粹的享乐主义。真正的、道德的欢宴，是承认我们共同的人性，看到我们都服务于彼此，通过分享好东西，我们能和平且喜悦地共同生活。食物是表达这一理念的完美载体，因为当我们撕开好吃的面包分给别人，就永远无法忘记：我们所有人在本质上都是脆弱的凡夫俗子、血肉之躯。但我们学会了把生存的手段变成生命中最满足的喜悦。

---

① 这是戏仿披头士乐队的一张专辑名，《佩珀中士寂寞芳心俱乐部》（Sgt. Pepper's Lonely Hearts Club Band），后面两个名字在英文语境中也有其幽默之意。——译者注

23

及时行乐不快乐

南多·帕拉多（Nando Parrado）和他的朋友们有一句座右铭："吃掉每一块三明治，亲吻每一个姑娘。"这句话其实是贺拉斯众所周知的名言"抓住时光"（carpe diem）的草根翻版，即"及时行乐"。确切地说，帕拉多的座右铭，不是来自与死亡的擦肩而过，而是跟死神的长途跋涉。1972 年，他从家乡乌拉圭出发到智利去看橄榄球赛。飞机没能着陆，而是在 5 500 米的高空撞上了安第斯山脉。他的母亲和最小的妹妹当场死亡。可令人难以置信的是，帕拉多和其他 16 名乘客坚持了整整 72 天，还在高山上跋涉了 11 天，最终获救。

这样的经历很极端，但还有不少人靠近过死亡，大多数最后都留下了类似的感慨：活着真幸运，我决定要充分利用每一天。这很可悲，也是一个太常见的人性弱点：人总是等到直面死亡时，才意识到生命多么可贵。带着对活着这一纯粹奇迹的高度意识生活，似乎很难维持，哪怕我们已经敏锐地意识到了死亡。《辛普森一家》（The Simpsons）对此做过精辟的嘲讽：爸爸霍默以为自己吃了有毒的河豚，只有 22 小时可活了。当下一个黎明到来时，他意识到自己还没死，惊叹地说："我还活着！从今以后，我发誓要活出极致！"然而，电视剧接着来了点睛之笔：他坐在电视机前，看着保龄球，大嚼着猪皮肉，跟之前比完全没什么改变。

霍默也许是个笨蛋，但他的这种模式，谁也没法免疫。哲学家哈维·卡雷尔（Havi Carel）被诊断出患上了一种罕见的肺部疾病，有十年内夺取她性命的威胁。这以后，她描写自己怎样因为敏锐地意识到生命可贵，学会了"为小小快乐感到高兴"，"慷慨对待自己和他人"，"为悲伤、痛苦或绝望没能消耗的每一刻而感恩"。但过了几年，由于病情稳定，死亡的直接威胁消退，她承认，对生命维持同样的关注变得越来越难。

不是人人都能轻松做到充分利用每一天。它是一种艺术，它需要我们理解人类生存条件，又懂得简单的生活乐趣。很明显，用口号恳求我们充分利用生命没什么帮助。帕拉多并不是要你真的"吃掉每一块三明治，亲吻每一个姑娘"。真的照字面含义去做，它就不是生活指南了，而会让你变成一辈子都不成熟的胖光棍。"及时行乐"的字面含义也好不了多少。人是怎么也"抓不住"时光的。充分认识人性，同样意味着要充分认识到，对人这种生物而言，时间永不止步。故此，"抓住时光"就像是螳臂当车一样。

可以说关键就在这儿，生活很荒谬，对付它的唯一办法就是要以英勇但归根结底是无奈的挣扎，尽自己所能地抓牢它。因为你可以。这其实是加缪《西西弗斯的神话》（Myth of Sysiphus）的一种变奏。西西弗斯受众神的谴责，要永远把一块沉重的石头推上山，可石头每一回到了山顶都滚下谷底。除非拥抱自己的命运——尽管最终这毫无意义——西西弗斯才可能幸福。抓住时光的想法，听起来似乎跟众神的游戏同样巧妙。这一次，我们的生活，就像是猪倌在猪圈里追逐一头身上抹了油的猪；我们的手能抓到它，可总是没过几秒钟就打了滑。这就是威廉·詹姆斯所谓的"似是而非的当下"，"我们能够即刻且不间断地感知到的短暂持续的时间"。这是一场徒劳的游戏，但我们若是不玩，就站在猪圈里别无可做，一等游戏收场，我们也玩完了。那就玩吧。游戏有趣，也比无事可做好。所以，从这一层意义上看，"及时行乐"呼吁享乐主义，追求愉悦。

有缺憾也愉悦

如果你只是尽情享受这趟旅程，肉体的愉悦是最明显的选择，其中又以吃吃喝喝最为容易。它跟不懈地追求性爱比起来没那么复杂，也没有谁会受到伤害——至少不是太大的伤害。你可以每天都轻松地吃上三顿；如果我们态度诚实，每天都翻云覆雨三轮可比这难得多。

17世纪英国作家和政治家塞缪尔·佩皮斯（Samuel Pepys）就是一个快活饕客的生动例子。从他的日记来看，他不光给伦敦编年记事，还吃遍全城。

> 一顿聚餐人数不超过10人的非典型晚宴菜单是这样："炖野兔和鸡肉丁，煮羊腿，一盘鲤鱼（三条），一大盘羔羊肋排，一盘烤鸽子，一盘龙虾（四只），三个蛋挞，最为罕见的七鳃鳗馅饼一个，一盘凤尾鱼，若干种好酒。"如果你读到这场盛宴发生的背景，这显然有点过度无节制的事情会变得好理解些。"这个星期，瘟疫里死了700多人。"佩皮斯似乎是顺手写了一句，就好像说的是当天

的气温似的。当你周围的世界正在走向地狱，要是你想，"见鬼去吧"，完全可以理解。但尽管如此，这种无度也有代价，哪怕是从粗略的享乐主义算计上看。佩皮斯的日记里充斥着类似的言论："因为昨晚的放荡，我的脑袋痛了一夜，外加今天整个上午。""我从自己的呕吐物里醒转过来。"

即使快乐多于痛苦，纯粹追求游乐的生活，仍然存在一些让人不满足，甚至深深悲伤的事情。不管一顿饭有多么好，它的温暖只能持续不太长的一段时间。离开餐桌的时候，我们可能肚皮鼓鼓，同时又内心空虚，因为我们除了回忆什么也带不走。第二天的追逐又要从头开始。愉悦无法妥善存储，所以，如果你把愉悦当成采石场，就注定要不停开采以维持供给；一旦它断了来源，你就一无所有了。

但还有更好的办法吗？传统的替代做法似乎更糟。它放弃了肉体的快乐，甚至将之减少到最低限度，转而投入心灵的满足。你不再只争朝夕，而是让永恒来找你，转向神明，超越我们可怜的动物生存局限性，去追求幸福无限的无尽天国。

如果你认为我们没有不朽的灵魂，没有天堂，没有上帝，那里显然不是好的归处。就算你拥有信仰，事情也不那么简单。比方说，如果死后仍有生命继续，你仍然是一个活在当下、过去与未来的人，这就意味着，你仍然要面对如何生活的老问题。抹了油的猪始终抓不住，哪怕游戏永远玩下去。如果人死之后，你本质里的某种东西回归神性（或者其他诸如此类的宽慰观点），这也就是说，作为个体的你，将回归身体之道。

因此，我们卡在了内在的局限性和超越的幻觉中间。我们抓不住时光，也握不住永恒。那我们要怎么做呢？

首先，我们来澄清愉悦到底是什么，以及它在过良好生活里所扮演的角色。这本书里反复出现"愉悦"的身影，但它通常潜伏在后台，只偶尔短暂地路过舞台中央。有些人或许会认为，这是聚餐时脑袋里萌发的一个微不足道的小念头，围绕食物的美德为之服务。如果，就像我所主张的那样，知道怎么吃，就是知道怎么活，那么，生活和饮食的艺术归根结底不就是知道怎样从两者中获得最大的愉悦吗？

事情并不是这么简单，因为哲学界对愉悦的本质及其在美好生活里所扮演的角色，始终存在着不可调和的分歧。一些哲学家，如伊壁鸠鲁认为："愉悦是幸福生活的始与终。"另一些哲学家，如柏拉图则认为："（愉悦是）通往恶的最大诱因。"在人们眼里，愉悦不是我们最高的渴望，就是我们最卑劣的动机。

伟大的思想家们怎么会在如此基本的东西上存在这样的分歧呢？照我看，这是因为他们各自都说中了一部分真相，但又都没能看到这些真相属于同一个整体。享乐主义守护神，英国哲学家杰里米·边沁提供了部分答案。边沁认为，每一个行动的"效用"，都应"根据它增加或减少当事人整体幸福度的倾向"来判断。当然，幸福本身也很复杂，跟愉悦不一样。但对边沁来说，"本例中，利益、优势、愉悦、好处或者幸福可归为同一种东西。"他还认为，只要自身的愉悦不削减他人的愉悦，从哪儿来并不要紧。所有的愉悦都是平等的，只要能够振作你的精神，酒吧里简单的掷飞镖游戏和诗歌一样好。

第二部分来自边沁的教子，约翰·斯图尔特·穆勒（John Stuart Mill），他基本上同意导师对愉悦和幸福的核心理解，但认为智力的"高级"愉悦优于身体的"低等"愉悦。穆勒遵循亚里士多德的传统，相信我们的最高能力是那些专属于人类的能力，而我们与野兽共同具有的能力，价值相对较低。

第三块也是最后一块拼图有许多分散的不同源头。这些人认为，愉悦是美好生活里的次要环节，完全没有都可以。

猪吃松露 vs 美食家吃烤肉

虽然这三个方面组成了一个整体，且彼此之间不重合，但在一个非常重要的意义上，它们既弄对了一些不同的东西，却又都弄错了同样的事情。常见的错误体现在边沁和穆勒对不同类型的愉悦的分歧上。这一争辩来自根据愉悦的不同源头区分其境界高下。食物、性和其他肉体愉悦归类为"低"，艺术、语言和学习则归类为"高"。但这种划分彻底忽视了愉悦的另一元素：重要的不光在于我们获得了什么样的愉悦，也在于我们以怎样的方式获得愉悦。小孩子阅读莎士比亚却弄不懂意思，他体验到的愉悦就并不比读《好饿好饿的毛毛虫》（ *The Very Hungry Caterpillar* ）更高级。猪吃松露所得到的价值，跟美食家就着面条吃烤肉不一样。提升或贬抑一种愉悦的关键，不在于"它"是什么，而跟我们如何享受愉悦的关系很大。

有些事情包含着更大的潜力获得高层次愉悦，这一点毋庸置疑。孩子总有一天能学会欣赏哈姆雷特的纠结复杂，而《好饿好饿的毛毛虫》始终是一种单纯的快乐。你可以学会分辨一杯巴罗洛葡萄酒香味气息的层次，但一瓶低品质的葡萄酒，你除了满满地喝上一大口，感受到浓郁果香，就再无其他了。可几个世纪以来，哲学和整个西方文化的正统假设一直是，凡是有着强大感性因素的体验，在本质上就是基础的，只能带来较低级的愉悦。如果真是如此，食物和思考就不能搭配在一起。柏拉图在对话录《高尔吉亚篇》里清晰地表达了这种偏见："烹饪，从愉悦的角度来说，既不关注自身愉悦的性质，也不关注其原因，而是径直通往目标。"即便从事实上看的确如此，但柏拉图却并未考虑无须如此的可能性。烹饪并不一定非要去满足不容置疑的欲望。正如我在这本书中指出的，我们可以，也应该考虑烹饪和饮食更宽泛的意义，并相应改变我们对待两者的方式。

所以，穆勒的基本见解是对的，有些愉悦比另一些愉悦更加高级；边沁也是对的，不能根据愉悦的源头之物来构建愉悦本身的层次。但他们两人忽视了愉悦的形式跟内容同样重要这一点。也许，这个错误的根源在于西方哲学精神和身体分离的二元性倾向，它未能考虑我们的灵体合一性质。穆勒和边沁认为，愉悦要么是身体的，要么就是知性的，而事实上，最丰富的愉悦两者皆然。

他们还犯了另一个错误。他们认为愉悦不仅仅是一种重要的人类福祉，愉悦就是"福祉"。但我们发现，许多有价值、有意义或者有趣的事情，并不令人愉悦。想想你在生活里最为重视的事情。你不会因为伴侣病得厉害，你跟她都无法获得愉悦而抛弃她。创造性的工作往往并不特别叫人愉快。纯粹的享乐主义者不会选择要孩子，把孩子带来的满足感称为"愉悦"似乎太肤浅了。

如果我们把愉悦的概念延伸到我们一般称之为"幸福"的东西上（一如边沁的建议），这个错误就并非不可避免。诚然，幸福和愉悦有所不同。愉悦多与特定的经历和时间段相联系，一般相当短暂。幸福更多的是一种背景感觉，或许不如愉悦的强度那么大，但持续时间更长。甚至，如果我们认识到，情绪是一种传递性的刺激，与人潜在的满足毫无关系，那么，说一个心情糟糕的人很幸福，也没什么可矛盾的。

尽管存在这些差异，一如通常的设想，幸福和愉悦从根本上是同一种东西：都属于良好的感觉，或者心理学家所谓的"积极情绪"。虽然一些积极心理学家坚持认为，积极情感在人类生活里事关重大，但我觉得，许多人都不以为然。例如，迈克尔·哈内克（Michael Haneke）在电影《爱》（Amour）讲述了一位老年妇女安妮健康状况日下，丈夫乔治照顾她的故事。它观察敏锐，凄美动人，但从任何传统意义上说，它谈不上令人有些许享受，也毫无振作意义。看完它以后，我闷闷不乐地吃着晚饭，心里想，这根本不是我原先设想的放松的一晚嘛。它没有让我快乐，但较之更令人愉悦的其他消遣方式，我的生活因为选择看了它而变得更丰富，丝毫未遭削减，这让我很满意。

我们现在明白，哲学家论述美好生活时否认愉悦的核心作用，有他们的正确之处。把追求享乐视为人生首要任务是错误的。这不仅是因为生活有着比积极情感更多的内容，更因为，如果我们本着美德生活，最好的愉悦一般不是追求而来的，而是发现所得。看到并理解一种活动的价值所在，而不是出于纯粹的享乐目的而投身参与，能带给我们最多的幸福。这就是为什么有关动物福利、公平贸易和环境的食物道德议题不仅仅是有待解决、解决之后我们就可继续享乐的问题。相反，当我们本着善意履行食物道德，了解到食物的出处跟它的味道一样美好，我们会得到更圆满、更人性的享受。

这也是为什么，虽然创造性工作和为人父母一类的事情虽然不能带来一以贯之的愉悦或者让我们变得幸福，但当它们降临时，又都会变成最深刻愉悦的源头。我认为，理解这一点的唯一途径，就是懂得愉悦最有价值的形式是跟生活最有价值的方面捆绑在一起的，而不要把愉悦视为做任何事情的唯一理由。抚养孩子带来愉悦，是因为有着宝贵的价值；它的价值不在于它能带来愉悦。

因此，这里的洞见在于：如何获得愉悦十分重要。人不能对愉悦采用纯粹的战术性视角，为了愉悦而直接追求愉悦往往并非实现它的最佳方式。以追求愉悦为首要目标，会使我们无法从能为我们带来最深刻满足的体验（不管它们是否包括了积极情感）中获得愉悦。我并不是说，不存在因能带来丰富愉悦的特点而让人对其加以重视的事情。但即便在这种场合下，以为愉悦感受能脱离灵体合一的背景也是错的。

有能力品尝美食，却又不为之执着

如果我们明白了愉悦的真正价值和本质，就会放弃对愉悦的直接追求，转而关注能带来最多奖励、最令人满意的生活是什么。我以为，这样的生活既非抓住这一刻，也非执着于永恒。关键是理解我们的灵体合一性质，我们为什么比困在当下的动物高级，比超越时间的神祇平凡。诚然，我们永远都只能立即意识到此刻——也就是说，我们无法让时光倒流，也不能阻止时间一点一滴地流逝。但我们是能够跨越时间而存在的生物。我们对过去有回忆，对未来有计划；我们要从事耗费若干小时、若干天、若干星期甚至若干年的项目；我们培养、发展又终结人际关系。活在当下还不够，因为生活不光是当下这一刻。尽管当下是构成时光的一种方式，但时光又不仅仅是一连串的当下，而是一种由不同时刻之间的关联组合起来的模式。比方说，在一年的时间里，你既可以单纯地享受接二连三的经历，在临死前把愿望清单上的所有事情做完，也可以从事某种有始有终有过程的项目。用这两种方式度过一年，时光都由不同的时刻构成；可前者仅仅是连续序列的聚合体，后者却是整体大于部分之和的完整宏图。

许多我们最珍视的事情都是这样。一段关系来自在一起的日子，但它不仅仅是日子的集合。这本书由十来万字构成，但我希望，它不仅仅是一个个单字的集合。什么样的生活方式，能正确地体现我们既存在于当下又随时间推移的性质呢？及时行乐的享乐主义做不到，因为它跟精神带来的时间完整性不适应;追求永恒做不到,因为它跟躯体让我们有限又暂存的方式不吻合。我们需要的是一套完整的灵体合一道德,平衡人类存在的这两个方面。构建这样一种道德,是一场范围远超本书的浩大工程。不过,食物或许能够清晰地体现这种道德实践起来的样子,并解释需要它的原因。

要是有享乐主义者恳求说:"别让香槟酒在冰箱里终老!"而且,每当他看到愉悦就贪婪地扑上去,生活就像是跟时钟疯狂赛跑——这样的人,我们就应该拒绝他。要是有禁欲主义者鼓吹说:"首先就不能把香槟放进冰箱里!"否认肉体享乐在生活中扮演的角色——这样的人,我们也应该摒弃之。我们应该听灵体合一的人说的话:"冰箱里放一瓶香槟就够了,别放两瓶。"我们不需要立刻满足自己的每一种渴望,变成冲动的奴隶,但我们也不应该太过克制,非得让愉悦与自己擦肩而过。这种平衡的心态,一如食物在我们动物性生活里发挥着重要的作用,却又并不将我们贬低到返祖的欲望之奴的档次。

这种方法承认愉悦在美好生活里所扮演的角色。高级知识分子们不应该让我们把肉体愉悦抛于脑后,相反,他们应该让我们更全面地去享受之。1830 年,英国博学家威廉·基切纳(William Kitchiner)在《厨师的神谕》(The Cook's Oracle)里精彩地表达了这一观点:"那些愤世嫉俗的奴隶太蠢了,以为沉溺于生活里常见的舒适就无法变成智者,应该用法国哲学家的话来回应他们。'嘿——你们哲学家都吃些什么美食呀?'一位生活放荡的侯爵问。笛卡尔回答说:'你以为,上帝只把好东西留给傻瓜吗?'"

如果我们将"及时行乐"与有意识的欣赏相比较,可以看出以灵体合一的方式体验愉悦是什么意思。两者都要求充分利用每一刻,区别在于,它们对"充分利用"的理解有所不同。享乐主义的看法是追求尽量多而强烈的愉悦时刻。然而,正念不是要追求什么东西。它放弃了对愉悦的狂热猎取,而是要我们建立一种思维框架，对愉悦带来的一切保持敏锐，并以这种方式去接触所有的事情。这也意味着它的焦点比愉悦更宽泛，因为愉悦只是我们应该投入的事情之一。

故此，像个享乐主义者那样吃，就是追求最美味的菜肴，永远寻找新的体验，并重复先前菜肴的最佳体验。而用心地吃，这是保证自己不管吃的是什么，都注意到它是什么，它有什么意义，提醒自己是多么有幸能吃到这道颇费苦心的菜。享乐主义鼓励沉溺于愉悦，正念则鼓励更广泛的欣赏。这并不是说正念摒除快感，正好相反。如果你吃的东西美味，关注它会让你深深地意识到它的美味。享乐主义培养的是一种抓攫态度，一种把握瞬间愉悦的欲望；正念则只鼓励你意识到愉悦，你要随时都想到：你所体验的事情转瞬即逝，不可能长久维持。

品味的紧张感

还有一种思考方式，也就是琢磨"品味"的意思到底是什么。你可以带着"我不希望这一刻结束"的态度去品尝，也可以采用一种更简单的"我不想错过这一刻带来的任何东西"的态度。前者的例子是紧紧抓住体验的徒劳欲望，是典型的享乐主义；后者是依靠正念提高欣赏力。

对佛教徒来说，从食物中获得愉悦有一些可取之处，但并不太多。"佛陀教导的是走中间道路，也即跳出两极。"我在西萨塞克斯西特维维卡寺（Cittaviveka Monastery）时，小乘佛教的和尚阿姜·卡鲁尼科（Ajahn Karuniko）对我这样说，"一个极端是放纵；另一个极端是禁欲主义。"应用到美味的食物上，这意味着"不惧愉悦，又不为之执着"。正是这种执着，或者抓攫，带来了问题。"要是人们执着于这些东西，一旦没了它们，人就痛苦了。所以，如果你执着于特定类型的食物，等你到了某个没有这些食物的地方，就总会渴望它。"

杰伊·雷纳讲过一个他酷爱的瑞士草本白葡萄酒醋科瑞西（Kressi）的故事，再清楚不过地表明了这一点。"一喝完了它，"他写道，"我就觉得仿佛生命都缺了一点似的。"有一回，他在伦敦怎么也买不着，感觉"就像是瘾君子又念叨着下一次就戒毒"，决定飞到日内瓦买了酒就回来，结果到站后是法定假日，所有的商店都关门。我见到杰伊时，问他是否觉得这有点过头，他回答："那是一种非常好的醋，听起来很奇怪，我的橱柜里没了它，真的感觉有点空荡荡呢。"

雷纳或许有些极端，但任何享受吃喝的人，都会因为渴望重温过去的美食体验而造成紧张。迈克尔·施泰因贝格尔（Michael Steinberger）在《法国美食末日》一书里说："对专注的美食家而言，重温过去品尝愉悦的冲动始终存在，并经常势不可挡。"如果你吃过一种好吃的东西，想再吃一次十分自然，要是它就在手边，但吃无妨；可要是它远在百里之外，或是在一家非常昂贵的餐厅里，你就会倍感沮丧了。但施泰因贝格尔接着又说："想在餐桌上重新体验难忘的回忆，经常会叫人心痛不已。"

为了避免这种痛苦，我们必须掌握一个很困难的诀窍。我们必须有能力品尝美食，又不为之产生执着。阿姜·卡鲁尼科对这一点的可行性表示了怀疑："一旦你产生了这个想法（真好吃），你就对它有了执着。"在他看来，"吃的时候""知道它令人愉悦，知道它很棒"，可进食一结束，愉悦的意识也就结束，"这就是完美的正念"。我认为，这会贬低食物的价值，从而导致对世界的否定。和所有的宗教一样，佛教里有许多让人钦佩的东西，但我觉得，它归根结底还是没能调和我们的灵体合一本质，总是以某种方式贬低我们的动物方面。

想到某种东西很美味，唤起了再次拥有它的欲望，这再自然不过了，而且，也没有任何理由能说明为什么你不该渴望重温美好的进食体验。如果你买到了一些特别好的香肠，你当然想要再次买到它，而不是买到劣质香肠。如果你发现莫城布里奶酪（Brie de Meaux）是你最喜欢的一种奶酪，你当然会随时留心着它。除非这种愿望太过强大，它才变得有害。在这种强烈的过度渴望出现时辨识出它，同时还知道自己不见得非满足它不可，这应该是做得到的。以过去的体验为指引，和受过去的体验所驱使，两者之间有着巨大的差异。"每当我想到要下馆子，就会回忆起那家餐厅来"完全不同于"我必须尽快回到那里去"。前者可称之为从经验中学习，后者则陷入了"不想错过"的焦灼欲望。如果生活由一连串迫切需求构成，那么一顿美味佳肴就总会唤起再吃一顿的欲望，这样一来，欲望就无休无止，永远得不到最后的满足了，因为一次永远不够。故此，要保持真正积极的美食回忆，就必须对过去的体验放手。否则，回忆就不仅仅是"过去你做过的一桩美好事情"，而变成"必须再做一次的美好事情了"。

如何在美好回忆与过度欲望之间实现平衡，并没有简单的实用规则。举例来说，我探索性地向你提出如下建议：假日里享受的美食绝不带回家，因为回家之后吃起来味道永远不一样。甜酒和餐后酒尤其如此，有不少都是纯粹因为你渴望一品当地特产而变得好喝起来。只在当地享受，让这一体验变得更为特别，因为它无法重复。这其实也是对待整个生活的一种正确态度：把它看作是永恒虚空之前的一场短暂的宇宙假期。但对某些能够轻松装进旅行箱的东西，这似乎又太过严格了——既然能带回家，干吗不呢？所以，这里没有简单的规则，只有判断之后采取的态度。态度是："现在尽情享用。别担心还能不能再次享受它。"判断则来自如下问题的回答："回家之后我真的会喜欢它吗？还是说，我只是不想承认，过去已经完结，无法再重复？"

这样一来，很明显，南多·帕拉多等人察觉的真理"我们必须充分利用每一天"，并不一定意味着"及时行乐"的享乐主义。相反，充分利用每一天，要求我们别把所有的时间和精力投入到转瞬即逝的片刻愉悦上。关键是欣赏，只有我们充分理解它在有限的凡俗生命中所扮演的角色，我们才能充分地欣赏。比方说，每天都跟你爱的人在一起，这很珍贵，但这不是因为时光带给你了愉悦，而是因为其在整个人生苦短的大背景下的意义。

和对肤浅愉悦的执着追求不同，正念鼓励我们关注根本的东西，在死神面前走过一遭的人常常提到这一点。生命的根本在于那些我们最为重视的事情，比如我们的人际关系，我们的人生计划。不过，这并不意味摒除、抛弃餐桌之乐。专注于根本，意味着我们得小心，别被一些太过崇高的想法（如我们的事业或者遗产有多么重要一类）牵着走。要记住：哪怕我们想实现的事情都很有道理，但只要医生传来一条坏消息，我们立刻就会忘了它。

想到这一切，吃，尤其是跟朋友一起吃，似乎就变成了最为重要的事情。非要我在"永远不再读/写书"和"永远不再跟我爱的人聚餐"之间做出选择，毫无疑问，书籍会出局。跟伴侣坐下来吃上一顿，对我来说是最重要的一件事。餐桌是我人生的基础，但它并未将我贬低成脑袋里除了下一顿吃食之外就空空如也的动物。它让我过着灵体合一的生活，不光能够享受味觉愉悦，还能拥有感恩、丰富的内心生活、欢宴、审美和客观判断力。我们是一种有趣的混合生物，既知性，又感性，能吃喝、能思考、懂享受，在餐桌上，我们能把这三者同时表达出来。

好好吃，好好生活

随着撰写本书的终点映入眼帘，我想过要赶紧趁着读者们对它表示冷漠还不太明显之前好生庆祝一番。不出所料的，我会选择跟伴侣到喜欢的餐馆去吃顿晚餐。考虑到"喜欢的餐馆"并不固定，也不意味着一定是"最好的"，把它的名字当众说出来，会叫我觉得有点对不起布里斯托尔其他那么多家好餐馆。[①]但我必须说出来，因为我越是琢磨它，就越是意识到，红色弗林特（Flinty Red）是一个绝妙的例子，圆满地体现了餐桌的美德支撑了最令人满意的美食之乐。

为了确保我并非自娱自乐地把自己重视的美德投射到一家除了供应美食别无其

① 尤其是要向 Lido、Casamia、Bravas、Kensington Arms、Prego 等多家声誉卓著的餐馆表示歉意，很抱歉，我没来得及亲自检验它们的价值观。

他特质的餐馆上，我跟红色弗林特的主厨马特·威廉姆森（Matt Williamson）和业主之一雷切尔·希金斯（Rachel Higgens）安排见了个面。我把各种单词和短语——时令、有机、本地化、公平贸易、动物福利、科技、传统、惯例和欢宴，等等——一股脑地抛给他们，只想看看他们如何应对。令人欣慰的是，每一次，他们的回答都响应了我在本书中所得的结论。看起来，我在红色弗林特所得到的愉悦，并不仅仅是因为马特惊人娴熟的厨房技能，更是因为我跟餐馆的价值观在整体上契合。就连菜单的格式也完美地反映了我的愉悦理想。菜单里不分开胃菜和主菜，大部分菜肴均可按小份点。而且，他们精选的葡萄酒也可以按杯来点。这里不可能出现暴饮暴食的情况——餐馆在大众点评网站 TripAdviso 上的评价不如预期那么高，实在有些可惜，总有极少数顾客抱怨菜品太小份，拖累了它的得分。

我想表达的关键并不是，到像红色弗林特这样的餐馆，我所得到的愉悦仅仅是追求其他人类福祉过程中的副产物。相反，我想说的是：即便在这样的场合（也就是说，我的主要目的就是想得到一个愉快的夜晚），也会发生许多无关愉悦的事情，但它们对获得丰富的体验而言必不可少。

以下或许是最令人振奋的例证：尽管马特和雷切尔对餐馆最看重的是质量和味道，这两点看起来都是道德中性的，但事实反复证明，只有最合乎道德实践，才能最完美地达成这些理想。受虐待的动物肉一般不好吃；与供应商建立良好的公平关系，是获得良好食材的最可靠保障；美味的水果和蔬菜主要来自履行地球管家职责的农民；菜肴份量上的克制，促成了最大的愉悦；在自己尊重的传统内进行创新，带来了最优秀的菜品；欢畅地对待顾客，创造了最佳氛围。虽然，我们并不会简单、乐观地认为，做道德正确的事情，跟做对自己好、能带来愉悦的事情毫无冲突，但亚里士多德说得很有道理：在美好的生活当中，自我利益和善待他人往往自然地走到一起。

在现代西方社会里，暴饮暴食是很常见的现象，但我们的知识和哲学文化仍然倾向于禁欲节制。我们不应该再认为，思想的生活跟身体的生活始终存在不可避免的紧张关系。这也就是为什么我的庆祝活动不仅仅是在家里多吃一份意大利面，或者到一家廉价披萨店吃一顿就算了，而是进了一家挺体面的餐馆——虽说这样的庆祝方式仍然司空见惯。因为前一种做法对自己太苛刻、太清教徒了。毕竟，你不是每一天都能写完一本书，那么，吃上一顿不算太平常的饭，看起来就很合适。日常愉悦之外总有例外情况，在两者之间达成平衡意味着快乐地享受偶尔为之的放纵。

即使奢侈有时也有它的好处。《巴贝特之宴》里的同名女主角把自己继承来的一笔小小遗产用了个精光，为自己效力的社区搞了一次千载难逢的美食盛会。这是一种不可思议的态度：愿意投入尘世带来的稍纵即逝的乐趣，却又放弃世俗的财富，以及伴随它而来的所有地位和虚假的安全感。过分不乐意把钱花在这些今天有明天无的东西上，就是拒绝承认生命本身的短暂性。

我们怎么知道什么时候该克制，什么时候该纵容自己呢？我们怎么判断我们花在能带来愉悦的事情上的精力是太多还是太少呢？什么时候，一如小说家威尔·塞尔夫（Will Self）所说："我们能对叉子尖儿上的东西少花些心思，对人生之路尽头的东西多花些心思呢？"没有算法能告诉我们。这需要的是实践智慧，这也是为什么本书一直以亚里士多德作为我们的哲学明灯。他的整体性方法能帮我们在各种同等错误的极端之间找到恰当的平衡。他明白，要做到这一点，我们必须利用判断和逻辑，愿意接受出乎意外的结果（也即我们得出的答案并不确定，并不准确）。他还认识到，灵魂实际上是跟身体捆绑在一起的，灵魂并非独立的、非物质的存在，而是人类独特的本性，当人的身体以现在的形式组织起来，它才出现。

美国学者侯世达（Douglas Hofstadter，主要研究领域包括意识、类比、艺术创造、文学翻译，以及数学和物理学探索）做过精彩的总结："灵魂，就是大于部分之和的整体。"他认为愉悦是人类生活的重要组成部分，但它只是"eudaimonia"的一个促进因素。通常，我们把"eudaimonia"翻译成"幸福"，但把它理解为"蓬勃"更为恰当，因为它包括的不仅仅是积极的影响。一个人，要是能很好地做自己和其他人重视的事情，哪怕他生活艰难，也是蓬勃的，丝毫不亚于其他过着快乐、道德上体面的生活的人。最后，亚里士多德认为，通过培养周到的日常习惯，我们会变成更好的人，生活得更好。正因为吃的日常性质，它很重要。如果我们短暂生活里的每一天都很重要，那么，显然，我们应该每一天都活得正确。

亚里士多德的批评者们认为他的具体建议短得叫人无奈，但简短正是关键所在。亚里士多德的态度以美德为基础，他的主要观点是：怎样生活得好，没有操作手册，因为操作手册会把每一件事都贬低到该做或者不该做的清单上。可很多时候，人们偏偏就这样希望和期待，涉及食品时似乎尤其如此。大家都想知道，我们该吃些什么，不该吃些什么；怎样做一道菜是对的，怎样做是错的；我们应该到什么地方去采购，应该抵制什么人。但该做什么、不该做什么的清单，无非是一连串的经验规则。在复杂的现实生活面前，简单的规则总是溃不成军。不止如此，更重要的还在于，生活得怎样比生活是什么更加重要。我们需要学习生活的正确方式，即态度、习惯、脾性和美德。

这就是为什么一份做什么不做什么的强制性清单无法总结本书中心思想的原因，因为我希望它表现的是名厨埃斯科菲耶的那句话："知道怎么吃，就是知道怎么活。"再说，任何人都不可能完全掌握这类知识。越来越渊博、越来越明智，跟攻读哲学博士学位就拿到学位、变成博士不是一回事。自由哲学家乔纳森·里伊（Jonathan Ree）曾总结克尔凯郭尔对基督徒提出的看法："'成为'（becoming）跟'是'（being）是相对的。"生活得好，就跟"是个基督徒"一样，不是一种"你能漠然融入的条件"，而是一个持续"成为"的过程。美德，和"自我"一样，是伪装成名词的动词。不过，尽管把餐桌的美德化简成一份家庭实用要点清单太肤浅，我们还是不妨提取一些概要性的真理，解释知道怎么吃就知道怎么活是什么意思。

知道怎么吃，首先是要知道人类的灵体合一性质。吃，和我们所做的任何事情一样，只有跟思想、身体、心思和灵魂结合在一起的时候才能带来最多的满足感。当然，我们不见得总是这样做：有些时候，我们只是想填饱肚子继续上路而已。但这应当是例外而非惯例。当我们把思维、情感和身体跟我们所做的事情融合到一起，认识到自己是有着当下、过去和未来的有限凡人，我们才能以完完整整的人类方式进食，生活。

知道怎么吃，就是知道如何思考生活得好的种种实用方面，用最浅显的方式来说，也就是我们必须具备对道德进行推理的能力。这就需要掌握事实性知识，尽管了解事情的现状，并不必然就懂得了事情应该是怎么一回事。它需要严密的逻辑性，能够推导谬误和矛盾——虽说逻辑本身并不会告诉我们一套如何生活的公式。它需要接受判断，学习怎样最好地利用判断，因为美好的生活没有统一算法。因此，它要求你不能照搬流行的正统观念，还要对其加以检查和质询。

知道怎么吃，就是理解我们的饮食选择对他人的影响，承担选择带来的责任。如果我们自己的生活有价值，那么其他人的生活同样有价值，同样能感受痛苦和愉悦，同样有着人生计划和人际关系。顺着指引我们做出自利选择的推理能力，我们应该知道：其他人跟我们一样有着利益，我们的利益在客观上并不比别人的利益更重要。我们或许对自己和家人有着更强的责任心，但这并不意味着我们对陌生人全无责任。

最后，知道怎么吃，既不意味着要做个只知道追求愉悦的纯粹享乐主义者，也不意味着做个摒弃自己鲜活人类本性的禁欲主义者。我们要给予愉悦正当的重要地位。生命短暂，从长期来看，所有人都会归于尘土。为了能够品尝生活里真正愉悦的时刻，我们要感恩地接受自然无意间轻率给予我们的馈赠。与此同时，身为灵体合一的生物，我们重视的显然不仅仅只有愉悦。所以，我们应当以兼顾的、启蒙式的态度对待享乐主义，这样，获得愉悦才不会牺牲我们重视的其他东西，比如真理、爱、理解和创造力，而是反过来，通过这些东西获得愉悦。

这一切听起来很简单，但看似简单的概述，细节上大多十分复杂。我希望表明的是，尽管在核心上达成一致很容易，理解它们的真正含义却困难得多。更重要的是，每个人的认识都是片面的，不完善的。我当然知道，我只是在追求而非嘱咐餐桌的美德。不过，我敢肯定，对生活灵体合一性质的认识，倘若脱离了饮食所属的整体背景，必然远非完整。把一块食物放进嘴里的简单行为，接入了一套复杂的网络，在这套网络里，你生活里其他所有的事情也都互有关联。网络越丰富，你从食物里获得的满足感也就越丰富。

THE
VIRTUES OF
THE
TABLE
译者后记

刚接到这本书时，我一看作者简介，忍不住"噗嗤"笑出了声。来自公认暗黑料理王国、除了炸薯条之外没有任何拿得出手本地菜品的英国人，居然要在公认美食文化千古流传的中国出一本介绍饮食哲学的书呢！一时间，我除了"哈哈"之外别无其他表情。

但等翻译完这本书，才深深觉得这书太切合时代风尚了。倒不是说书里介绍了什么美食（说实话是真没有），而是，作者对饮食的思考极为到位。大致上，作者认为健康的饮食态度就是健康的生活态度，不能为了所谓的"饮食道德"追求极端。有机种植的蔬菜固然很好，合乎一定标准的工业化种植也没什么不对。如果饲养牲畜的福利得到保障，吃肉也没什么关系。总而言之，本书中提倡的理念，对如今连国内也愈演愈烈的"健康素食"风潮不啻是当头一棒。

不过，说到动物福利，我还有一点疑惑的地方。中国人在英美澳等国吃过猪肉之后，基本上有种共同的感觉：当地的猪肉腥臊气大，不好吃（牛肉更是如此）。原因在于，为了保障动物福利，让猪走得没有痛苦，英美等发达国家现在已经使用电击宰杀法，也即先用高压电将猪瞬间致晕，再放血处理。国内则基本上仍普遍采用传统的活体放血宰杀法。那么，站在"中国胃"的角度，如何做出选择呢：是要更好的猪肉口感，还是更好的动物临终福利呢？（好吧，扪心自问之后，我默默在"好吃的猪肉"下点了赞。）

总而言之，这本书里的萌点和槽点都特别多，随手一抓就是一大把。译者自己很喜欢，希望读者们也会喜欢！

最后，还是放上例行的几句老话。由于译者水平有限，或一时的疏忽，可能会出现一些错译、曲解的地方。如读者在阅读过程中发现不妥之处，或是有心得愿意分享，请一定和我联系。我的信箱是 herstory@163.net，新浪微博是 @译海小番茄。豆瓣上搜索我翻译的任何一本书的书名，都可以找到我的豆瓣小站。

另外，本书的翻译工作要感谢张志华、李佳、唐竞、李征、廖昕、向倩叶等长期和我共事的小伙伴，谢谢大家的辛苦努力！

闫佳

湛庐，与思想有关……

如何阅读商业图书

商业图书与其他类型的图书，由于阅读目的和方式的不同，因此有其特定的阅读原则和阅读方法，先从一本书开始尝试，再熟练应用。

阅读原则1 二八原则

对商业图书来说，80%的精华价值可能仅占20%的页码。要根据自己的阅读能力，进行阅读时间的分配。

阅读原则2 集中优势精力原则

在一个特定的时间段内，集中突破20%的精华内容。也可以在一个时间段内，集中攻克一个主题的阅读。

阅读原则3 递进原则

高效率的阅读并不一定要按照页码顺序展开，可以挑选自己感兴趣的部分阅读，再从兴趣点扩展到其他部分。阅读商业图书切忌贪多，从一个小主题开始，先培养自己的阅读能力，了解文字风格、观点阐述以及案例描述的方法，目的在于对方法的掌握，这才是最重要的。

阅读原则4 好为人师原则

在朋友圈中主导、控制话题，引导话题向自己设计的方向去发展，可以让读书收获更加扎实、实用、有效。

阅读方法与阅读习惯的养成

（1）回想。阅读商业图书常常不会一口气读完，第二次拿起书时，至少用15分钟回想上次阅读的内容，不要翻看，实在想不起来再翻看。严格训练自己，一定要回想，坚持50次，会逐渐养成习惯。

（2）做笔记。不要试图让笔记具有很强的逻辑性和系统性，不需要有深刻的见解和思想，只要是文字，就是对大脑的锻炼。在空白处多写多画，随笔、符号、涂色、书签、便签、折页，甚至拆书都可以。

（3）读后感和PPT。坚持写读后感可以大幅度提高阅读能力，做PPT可以提高逻辑分析能力。从写读后感开始，写上5篇以后，再尝试做PPT。连续做上5个PPT，再重复写三次读后感。如此坚持，阅读能力将会大幅度提高。

（4）思想的超越。要养成上述阅读习惯，通常需要6个月的严格训练，至少完成4本书的阅读。你会慢慢发现，自己的思想开始跳脱出来，开始有了超越作者的感觉。比拟作者、超越作者、试图凌驾于作者之上思考问题，是阅读能力提高的必然结果。

好的方法其实很简单，难就难在执行。需要毅力、执著、长期的坚持，从而养成习惯。用心学习，就会得到心的改变、思想的改变。阅读，与思想有关。

[特别感谢：营销及销售行为专家 孙路弘 智慧支持！]

ᵉ 我们出版的所有图书，封底和前勒口都有"湛庐文化"的标志

并归于两个品牌

ᵉ 找"小红帽"

为了便于读者在浩如烟海的书架陈列中清楚地找到湛庐，我们在每本图书的封面左上角，以及书脊上部47mm处，以红色作为标记——称之为**"小红帽"**。同时，封面左上角标记**"湛庐文化 Slogan"**，书脊上标记**"湛庐文化 Logo"**，且下方标注图书所属品牌。

湛庐文化主力打造两个品牌：**财富汇**，致力于为商界人士提供国内外优秀的经济管理类图书；**心视界**，旨在通过心理学大师、心灵导师的专业指导为读者提供改善生活和心境的通路。

ᵉ 阅读的最大成本

读者在选购图书的时候，往往把成本支出的焦点放在书价上，其实不然。

时间才是读者付出的最大阅读成本。

阅读的时间成本=选择花费的时间+阅读花费的时间+误读浪费的时间

湛庐希望成为一个"与思想有关"的组织，成为中国与世界思想交汇的聚集地。通过我们的工作和努力，潜移默化地改变中国人、商业组织的思维方式，与世界先进的理念接轨，帮助国内的企业和经理人，融入世界，这是我们的使命和价值。

我们知道，这项工作就像跑马拉松，是极其漫长和艰苦的。但是我们有决心和毅力去不断推动，在朝着我们目标前进的道路上，所有人都是同行者和推动者。希望更多的专家、学者、读者一起来加入我们的队伍，在当下改变未来。

湛庐文化获奖书目

《大数据时代》
国家图书馆"第九届文津奖"十本获奖图书之一
CCTV"2013中国好书"25本获奖图书之一
《光明日报》2013年度《光明书榜》入选图书
《第一财经日报》2013年第一财经金融价值榜"推荐财经图书奖"
2013年度和讯华文财经图书大奖
2013亚马逊年度图书排行榜经济管理类图书榜首
《中国企业家》年度好书经管类TOP10
《创业家》"5年来最值得创业者读的10本书"
《商学院》"2013经理人阅读趣味年报·科技和社会发展趋势类最受关注图书"
《中国新闻出版报》2013年度好书20本之一
2013百道网·中国好书榜·财经类TOP100榜首
2013蓝狮子·腾讯文学十大最佳商业图书和最受欢迎的数字阅读出版物
2013京东经管图书年度畅销榜上榜图书，综合排名第一，经济类榜榜首

《牛奶可乐经济学》
国家图书馆"第四届文津奖"十本获奖图书之一
搜狐、《第一财经日报》2008年十本最佳商业图书

《影响力》（经典版）
《商学院》"2013经理人阅读趣味年报·心理学和行为科学类最受关注图书"
2013亚马逊年度图书分类榜心理励志图书第八名
《财富》鼎力推荐的75本商业必读书之一

《人人时代》（原名《未来是湿的》）
CCTV《子午书简》·《中国图书商报》2009年度最值得一读的30本好书之"年度最佳财经图书"
《第一财经周刊》·蓝狮子读书会·新浪网2009年度十佳商业图书TOP5

《认知盈余》
《商学院》"2013经理人阅读趣味年报·科技和社会发展趋势类最受关注图书"
2011年度和讯华文财经图书大奖

《大而不倒》
《金融时报》·高盛2010年度最佳商业图书入选作品
美国《外交政策》杂志评选的全球思想家正在阅读的20本书之一
蓝狮子·新浪2010年度十大最佳商业图书，《智囊悦读》2010年度十大最具价值经管图书

《第一大亨》
普利策传记奖，美国国家图书奖
2013中国好书榜·财经类TOP100

《真实的幸福》
《第一财经周刊》2014年度商业图书TOP10
《职场》2010年度最具阅读价值的10本职场书籍

《星际穿越》
2015年全国优秀科普作品三等奖

《翻转课堂的可汗学院》
《中国教师报》2014年度"影响教师的100本书"TOP10
《第一财经周刊》2014年度商业图书TOP10

湛庐文化获奖书目

《爱哭鬼小隼》
国家图书馆"第九届文津奖"十本获奖图书之一
《新京报》2013年度童书
《中国教育报》2013年度教师推荐的10大童书
新阅读研究所"2013年度最佳童书"

《群体性孤独》
国家图书馆"第十届文津奖"十本获奖图书之一
2014"腾讯网·啖书局"TMT十大最佳图书

《用心教养》
国家新闻出版广电总局2014年度"大众喜爱的50种图书"生活与科普类TOP6

《正能量》
《新智囊》2012年经管类十大图书，京东2012好书榜年度新书

《正义之心》
《第一财经周刊》2014年度商业图书TOP10

《神话的力量》
《心理月刊》2011年度最佳图书奖

《当音乐停止之后》
《中欧商业评论》2014年度经管好书榜·经济金融类

《富足》
《哈佛商业评论》2015年最值得读的八本好书
2014"腾讯网·啖书局"TMT十大最佳图书

《稀缺》
《第一财经周刊》2014年度商业图书TOP10
《中欧商业评论》2014年度经管好书榜·企业管理类

《大爆炸式创新》
《中欧商业评论》2014年度经管好书榜·企业管理类

《技术的本质》
2014"腾讯网·啖书局"TMT十大最佳图书

《社交网络改变世界》
新华网、中国出版传媒2013年度中国影响力图书

《孵化Twitter》
2013年11月亚马逊（美国）月度最佳图书
《第一财经周刊》2014年度商业图书TOP10

《谁是谷歌想要的人才？》
《出版商务周报》2013年度风云图书·励志类上榜书籍

《卡普新生儿安抚法》（最快乐的宝宝1·0~1岁）
2013新浪"养育有道"年度论坛养育类图书推荐奖

延 伸 阅 读

《你以为你以为的就是你以为的吗？（经典版）》

◎ 英国哲普天王、TED 演讲嘉宾、《哲学家杂志》主编巴吉尼最畅销著作。

◎ 台湾高中职校百大阅读推荐图书之一，龟毛症候群、自以为逻辑严密者自检手册！

◎ 严密有趣的进阶测试，清晰易懂的题目解析，使本书成为英国最受欢迎的哲学普及类读物。

扫码直达本书购买链接

《简单的哲学》

◎ 清华大学、中国人民大学、南京师范大学，三大高校哲学教授倾情推荐。

◎ 英国《哲学家杂志》主编、特兰西瓦尼亚大学杰出教授联袂奉献。

◎ 哲学推理方法及原则指南，有效提高逻辑思维能力，快速学习哲学方法。

扫码直达本书购买链接

《好用的哲学》

◎ 清华大学、中国人民大学、南京师范大学，三大高校哲学教授倾情推荐。

◎ 英国《哲学家杂志》主编、特兰西瓦尼亚大学杰出教授联袂奉献。

◎ 哲学推理方法及原则指南，有效提高逻辑思维能力，学习大师级的论证与批判。

扫码直达本书购买链接

《杀不死我的必使我强大》

◎ 资深心理咨询师二十年从业精华，科学实用的创伤后成长自助指南。

◎ 援引丰富的心理咨询案例，展现经历创伤后心理变化的不同阶段。

◎ 献给所有不愿被伤痛击垮的人，在创伤到来的时候，做出最漂亮的应对。

扫码直达本书购买链接

图书在版编目（CIP）数据

吃的美德：餐桌上的哲学思考 /（英）巴吉尼著；闫佳译. —北京：北京联合出版公司，2016.5

ISBN 978-7-5502-7669-7

Ⅰ.①吃… Ⅱ.①巴… ②闫… Ⅲ.①饮食-文化-世界-通俗读物 Ⅳ.①TS971-49

中国版本图书馆CIP数据核字（2016）第093905号

著作权合同登记号

图字：01-2016-1618

上架指导：哲学 / 美食 / 精致生活

吃的美德：餐桌上的哲学思考

作　　者 :［英］朱利安·巴吉尼

译　　者 : 闫　佳

选题策划 : 磨铁文化 CheersPublishing

责任编辑 : 徐　樟　徐秀琴

封面设计 : 门乃婷工作室　Tel:010-64822410

版式设计 : 磨铁文化 CheersPublishing 李晓红

北京联合出版公司出版

（北京市西城区德外大街 83 号楼 9 层　100088）

北京鹏润伟业印刷有限公司印刷　新华书店经销

字数 210 千字　720 毫米 ×965 毫米　1/16　16 印张　1 插页

2016 年 6 月第 1 版　2016 年 6 月第 1 次印刷

ISBN 978-7-5502-7669-7

定价 : 56.90 元

《吃的美德》

料理特辑

THE VIRTUES OF
THE TABLE
HOW TO EAT AND THINK

湛庐文化
Cheers Publishing
a mindstyle
business · 与思想有关

吃的困惑与美德

"'人活着是为了吃，抑或吃是为了活着？'这样一个历久弥新的基本问题有着深刻的哲学和伦理内涵，餐桌上的食物牵扯出人与自然、人与动物、人与科技、人与人、身与心等多维关系。朱利安·巴吉尼以吃为主题，探讨了传统与现代、物质与精神、创新与进步、艺术与创作、健康与生活方式的方方面面，对相关道德问题做出细密的思考和推展。"中国人民大学哲学院院长姚新中教授如是说。

吃，是我们日常习惯的关键部分，围绕吃养成的习惯，有助于陶冶性情，影响我们的日常行为。一如巴吉尼在《吃的美德》中探讨的，我们怎样吃，既反映了我们的行为方式，也塑造了我们的行为方式。还记得一二十年前，好像很少会有人去争论"什么该吃什么不该吃""吃什么才健康"等问题，但现在，可以吃、可以选择的食物多了，教我们怎样吃的专家也越来越多，可我们偏偏不知道该怎么吃了。

"越吃越烦恼，越吃越沮丧——似乎不应该是一个所谓'美食家'在公众面前流露的情绪和发表的言论，但事实上，一个不太懂撒谎更无法欺骗自己的家伙，如大叔我，实在对当今主流的吃喝局面和饮食趋势很怀疑很担心甚至很反感。在这样一个自以为很多选择但其实并没有什么选择的年代，民间日常基本吃喝被赋予了太多的'创意''正能量'——这其实是为什么在吃撑了的同时吃得又狼狈又疲累的部分原因。如若有天竟然对吃喝失去兴趣，那可就大事不妙了。"美食家、作家欧阳应霁先生的这番话映射出了我们的迷茫和不安。其实，我们不只是不知道吃什么，更令我们困惑的是关于人性、关于美德的深层思考和理解。

为您特别奉上的《吃的美德·料理特辑》以巴吉尼先生的英式家常食谱为基础，由16位顶级中外主厨精彩呈现出来。每一道菜，都蕴含着特有的美德，期望藉由一定会令您胃口大开的菜品，引发您在餐桌上的哲学思考，发展出您独具的吃的美德。"黄小厨"品牌主理人黄磊说：《吃的美德》是我读过的最有趣的一本书，因为它说什么都会说到'吃'。"希望您也能喜欢。

《吃的美德》

料理特辑

餐桌上的哲学思考

吃的美德

吃的美德

The Virtues of the Table

VIR TUES

出品：G 磨铁文化 Greets Publishing

主编：朱 虹

设计：蒋碧君

照片：特别感谢摄影师张昕、赵歆宇、

李德修、黄小厨和陈珊珊

奶酪拼盘
The Cheeseboard

🍴 19世纪初的法国美食作家布里亚·萨瓦兰曾夸张地说："没上奶酪晚餐就宣告结束，一如美女只有一只眼睛。"这话他说得实在有失体面，但隐含的意义却可窥一斑。在此为您奉上奶酪拼盘，请细细品味。

★ **金字塔奶酪(La Pyramide)**：山羊奶酪的一种，山羊奶酪被称为"富人的奶酪"，相比牛奶奶酪，产量少，工艺考究，气味浓烈、口感清爽。(见左图 **❶**)

★ **布里奶酪(Brie)**：由牛奶制成，口感浓郁绵密。布里奶酪可以说是世界上最古老的奶酪之一，据说是公元8世纪时查理曼大帝最钟爱的奶酪，也有传闻说路易十六在入狱前还要求最后再品尝一口。(见左图 **❷**)

★ **蓝纹奶酪(Blue Cheese)**：闻起来臭臭的，吃起来辛香浓烈，很刺激。每一份奶酪拼盘中都有少许蓝纹奶酪，而蓝纹奶酪本身吃起来都像是大拼盘——不同的部位有着不同的甜度、咸味和柔软的口感，还带有些许金属的味道。(见左图 **❸**)

Chef Robert Cunningham

东隅酒店 Feast 餐厅行政总厨

熏肉拼盘
Charcuterie

🍴 如果想找一些跟健康忠告对着干的传统食物，那就去熟食柜台吧。吃红肉已经跟大肠癌挂上了钩，腌制肉类里则含有大量的盐，会令血压升高；大部分还富含防腐剂亚硝酸钠，后者跟慢性阻塞性肺病有关。在英国，专家的建议是每天的红肉和腌制肉的摄入量不超过70克。

🍴 可是，不是一直有人说我们应该效法地中海饮食方式吗？那一带的国家却素以出产精制肉食为傲为荣。想想看，西班牙有伊比利亚黑毛猪火腿、腊肠和塞拉诺火腿；意大利有肉肠、香肠和帕尔马火腿。当然，单纯地出于健康理由不吃这些食物，绝对没必要。只要少花钱在廉价加工肉上，不妨时不时地享受一下最棒的肉制品。

意式烩饭
Tomato Risotto

🍴 把春天的果实变成美味佳肴的一个好办法，就是加入海外进口的食材一起烹调。我把自家果园里摘来的青葱和大蒜切碎，浇上希腊橄榄油，加入意大利卡纳罗利米(Carnarovli rice)充分混合，让每一粒米都裹上油，再大胆地淋些白葡萄酒，法国产的就挺好。再放入豌豆和刚刚摘下的没去皮的青嫩蚕豆，倒入热汤，小火慢煨，直至汤汁几乎熬干，此时的米已经煮熟，且留有一定的嚼劲。最后拌进少许碎薄荷和可能产自西班牙的柠檬汁，关火，让烩饭在上桌前再焖上几分钟。

🍴 所有意式烩饭的做法都大同小异，要注意的是不同的食材(如肉类和蔬菜)加入的时间，以及用什么油和什么汤。每个人都可以用相同的方法做出自己的改良版，可以用本地米代替意大利米，用菜籽油代替橄榄油，同时使用本地产香料和蔬菜。不过，我可不愿意人们盲目追求"只吃本地产"，而无法享受地道意大利烩饭的美味。毕竟，本地产的蔬菜里也有不少是外国品种移植改良而来，比如英国的豌豆进口自罗马，蚕豆则源自北非，如此说来，"纯本地烩饭"是人类相互依存的又一明证。

Chef Mauro Portaluppi

TAVOLA Beijing 意大利餐厅行政总厨

食材

卡纳罗利米100克、番茄汁200克、洋葱1个、新鲜罗勒少许、初榨橄榄油20克、鳕鱼100克、黄油50克、帕马森奶酪100克，盐、胡椒和蔬菜高汤各少许

做法

❶ 洋葱切碎粒，放入锅中煎几分钟；再放入大米，小火慢慢烘烤至八分熟；

❷ 倒入蔬菜高汤，煮5~10分钟至大米全熟，然后关火；

❸ 另取一锅，倒入橄榄油，放入鳕鱼，煎熟；

❹ 把番茄汁加入米饭中，再放入黄油和帕马森奶酪搅拌；把烩饭放到盘中，再把煎好的鳕鱼放在饭上面。

黑松露披萨
Black Truffle Pizza

🍴 布里斯托尔米其林星级餐厅卡萨米亚的大厨彼得·桑切斯－伊格莱西亚斯告诉我,有一种简单的方法可以做出上乘的料理：使用上乘的食材。不过,对厨师而言,这样做其实很无趣。"买一罐鱼子酱,打开,上桌," 他说,"任何多余的加工,都会毁了它。" 其他非常昂贵的食材,如鹅肝(如果你相信有真正合乎道德的鹅肝的话)和龙虾,若用过分繁琐的方式加工,也会糟蹋了。

🍴 出于这个原因,我提名松露来表现烹饪中的谦卑。它会让你发现,不管你认为自己是多么了不起的厨师,有时候了不起的其实只是食材。比方说,松露酱几乎能提升所有菜品的滋味。

🍴 你或许想知道,如此奢侈的食材怎么能成为表现谦卑的典范？实际上,松露酱每次只需要用一点点,平摊到每道菜上的价格不比番茄酱贵太多。谦卑不是自我否定、克己或是禁欲,谦卑是接受自己的局限性。身为作家,最让我感到谦卑的是其他作家的天赋；而身为厨师,最让我倍感谦逊的是,知道饭菜并非因我而美味,只是神奇食材的作用罢了。

食材

饼底：高筋面粉 250克、啤酒酵母2克、橄榄油10克、糖2克、盐5克、水120克

馅料：黑松露酱60克、水牛奶酪50克、牛肝菌50克、帕尔马火腿6片、蜂蜜1汤匙

做法

❶ 将酵母与少许温水混合后静置一会儿，将盐加入面粉混合均匀，再加入橄榄油，最后倒入酵母水，揉面至光滑均匀，在面团上盖上湿毛巾，放进冰箱，冷藏一天；

❷ 取出面团，擀成饼皮，均匀涂上黑松露酱，再放上水牛奶酪和牛肝菌；

❸ 将披萨放入预热200度的烤箱，烤制20～30分钟；

❹ 取出烤制好的披萨，均匀切成6片，在每一片上面放一片帕尔马火腿，即可装盘，搭配蜂蜜上桌。

苹果黑莓奶酥
Apple And Blackberry Crumble

🍴 我知道秋天家附近有哪些最适合采摘黑莓的地方；而在大致相同的时期，离萨默塞特不远，苹果收成好的话，人们会把整箱整箱的果子放在车道尽头，任路人取食，而不是白白烂掉。靠这两种水果，我最喜欢的当季料理即将出炉。

🍴 苹果黑莓奶酥做起来很简单。先把去了皮的苹果切成碎粒，大小随意；想混多少黑莓就混多少，如果黑莓太酸，可以加些糖或蜂蜜中和一下。酥皮用普通面粉还是全麦面粉随你，加多少糖和盐也随你，至于黄油的比例，则看手感——指头插在面粉里，感觉它挺"酥"，但如果取一小块用力挤，也能粘在一起，就是对的。我还喜欢掺些燕麦和碎坚果。

🍴 做好后，冷藏一夜，次日早晨配上希腊酸奶吃更加美味。每季第一块和最后一块苹果黑莓奶酥是最甜的，那滋味，就像一年一度跟家人团聚和道别的时刻，有它陪伴，年年都有滋味。

派底

180 克黄油、110 克糖粉、3 克盐、60 克鸡蛋、150 克蛋糕粉、150 克面包粉、36 克杏仁粉

○ **做法**：将黄油、糖粉和盐搅拌均匀，再加入鸡蛋拌匀，最后加入过筛的粉类拌匀即可；放入冰箱冷藏 2 小时；取出擀成 3 毫米厚的片状，放入模具捏成派底。

水果馅

300 克苹果丁、300 克黑莓、80 克砂糖，所有原料拌匀

奶酥

250 克黄油、250 克砂糖、200 克杏仁粉、250 克蛋糕粉、20 克麦片、50 克核桃碎

○ **做法**：所有原料拌匀，搓成颗粒状，放入烤箱烘烤成浅金黄色。

▶ 将拌好的水果馅放入捏好的派底，表面撒上奶酥，放入烤箱，上下火各 200 度，烘烤 30 ~ 35 分钟，表皮呈浅金黄色即可。

姜恩泽

Opera Bombana 意大利餐厅首席甜品师兼饼房厨师长

修道院马芬 *Muffin*

🍴 这道马芬用的是全麦面粉，也没有加糖，不会很甜，是特别健康的一道小点，基本上相当于素斋，所以调侃地称之为"修道院马芬"。也可以根据你的喜好，加入"公平贸易"食材，让这道马芬"更具美德"，比如巧克力、干果、香蕉等。

食材

240 克全麦面粉、25 克泡打粉、2 克小苏打、1 克盐、60 克鸡蛋、250 克全脂酸奶、20 克葡萄籽油

做法

❶ 先将全麦面粉、泡打粉和小苏打一起过筛；

❷ 将盐、鸡蛋和全脂酸奶拌匀，加入过筛的粉类拌匀后，加入葡萄籽油轻轻搅拌均匀；

❸ 装入蛋糕模具至八分满，放入烤箱，上下火各 180 度烘烤，80 克面糊的模具大概烤 12 ~ 15 分钟。

面 包

" 面包是这个星球上最接地气、最叫人振奋的食品之一，也是一种做得好的话最让人满意的
基础食物。许多人觉得自己烘焙面包要花太多的精力，而且也不一定会成功，不过偶然的失败
能帮助我们保持谦卑。来试试下面这两种面包吧。 "

林育玮

原麦山丘行政主厨

苏打面包
Soda Bread

🍴 如果你在吃面包时不光注意到了纹理和味道，还注意到了人类的独特能力——烘焙过程中可蕴含着足够的科学道理需要充分理解，苏打面包会是一种很好的灵体合一食物。它提醒我们，人类既有着简单的、身体上的需求和欲望，又有着聪明才智。

食材

高筋面粉 400 克、全麦面粉 100 克、细砂糖 30 克、盐 5 克、小苏打粉 5 克、蜂蜜 30 克、牛奶 450 克

做法

❶ 将干性材料混合均匀，再将湿性材料与干性材料混合；

❷ 手揉成团整圆；

❸ 使用整形刀划十字造型；

❹ 表面刷鸡蛋液，送入预热至 200 度的烤箱，烘烤 45 分钟。

斯佩尔特小麦面包
Spelt Bread

🍴 单粒小麦是最古老的小麦品种之一，但它很早就从英国人的餐桌上消失了。原因倒也不难理解，"鸽子农场"的迈克尔·马里奇说："产量真是相当可怜，麦穗小，麦粒也很小。"此外，现代英国小麦都是"裸麦"，即脱粒过程中包裹着种子的外皮会脱掉，而单粒小麦每一颗微小的种子都包在硬壳里，需要另外脱壳。

🍴 兴许你怀疑付出那么多努力是否值得，可只要尝过它的味道，一切疑虑都将烟消云散。我的面包制作技巧非常初级，但哪怕是按照印在面粉袋上的简易做法，也能做出比超市售卖的大路货更美味的面包。不过，单粒小麦如今可不好找，所以可换用斯佩尔特小麦，口感同样上佳。

食材

斯佩尔特小麦粉 500 克、天然黄油 10 克、常温纯净水 310 克、干酵母粉 5 克

做法

❶ 干酵母粉溶解备用，所有材料混合成团；

❷ 反复搓揉面团至光滑；密封，第一次发酵30分钟后，分切410克；第二次发酵30分钟；将面团拍平翻面卷折呈长条形状，第三次发酵40分钟，表面撒高筋面粉划十字；

❸ 烤箱预热至200度，放入面团烘烤30分钟左右。

吃的美德

经典牛肉汉堡
Classic Hamburger

主料

澳洲塔斯马尼亚草饲鲜牛肉饼 80 克、
汉堡面包 1 个

辅料

切达奶酪 2 片、番茄 2 片、生菜和生菜
丝少许、酸黄瓜 3 片、蛋黄酱、黄芥末、
汉堡酱、盐、胡椒适量

做法

① 将鲜牛肉饼放在烧热的平底锅中，煎至
　全熟；

② 汉堡面包切开，烘热备用；

③ 面包底层涂抹蛋黄酱、黄芥末、汉堡酱，
　铺上生菜，再依次加入番茄、酸黄瓜、
　生菜丝，最后放上牛肉饼，盖好顶层面包。

付洋

Kenny's Burgers 餐厅创办人

焗鹰嘴豆 *Hummus*

🍴 鹰嘴豆泥是巴吉尼心中所"爱"，他在《吃的美德》中详细介绍了做法，你可以根据自己的喜好做适当调整。不过，既然是简单无穷变的食材，我们也来把做法改良一下，献上一道新菜式——焗鹰嘴豆。

食材

鹰嘴豆 150 克、纯净水 2 升、银鱼柳盐 30 克、豆浆 500 毫升、柠檬盐 2 克、蒜油橙醋 15 毫升、三叶芹适量

做法

❶ 鹰嘴豆用净水泡一晚；

❷ 将泡好的鹰嘴豆捞出，取 1.1 升泡豆水和银鱼柳盐混合，再放入鹰嘴豆文火煮 30 分钟；

❸ 捞出鹰嘴豆滤去水，将豆子去皮，放在烤盘或平底锅内，加入豆浆，放进预热 180 度的烤箱，让豆浆慢慢浓缩至浓稠状；

❹ 取出焗好的鹰嘴豆，撒上柠檬盐和蒜油橙醋，再用三叶芹装饰即可。

Chef Max Levy

Okra 1949 及 Okra HongKong 餐厅主理人

金枪鱼炖土豆
Marmitako

🍴 这是一道传统的西班牙巴斯克渔民乱炖，我在毕尔巴鄂教英语时挺喜欢吃，也很容易做。只要你有足够的时间，炖多久都行，看你喜欢土豆吃起来软点儿还是硬点儿。我自己觉得最适合的软硬度是土豆炖得差不多快融掉的时候，但这只是我个人的爱好而已。

食材

鲜金枪鱼120克、洋葱30克、土豆100克、蒜3瓣、青椒20克、红椒20克、番茄120克（或去皮番茄罐头100克）、香叶1片、红椒酱50克、甜红粉15克、白葡萄酒80毫升、鱼汤200毫升、盐适量

刘 鑫

形体饮食定制品牌 invigr 悦型美食创意总监

做法

① 金枪鱼切3厘米方块，洋葱切碎粒，蒜用刀轻拍，土豆、番茄和青红椒切块；

② 锅烧热，放入橄榄油，再放入大蒜、香叶、洋葱粒，洋葱变软后加入青红椒块、甜红粉（小心甜红粉放后糊锅）；

③ 把锅中食材拨至一角，金枪鱼块和土豆块下锅煎至各面均匀上色；

④ 放入白葡萄酒，待酒精挥发后，再加入红椒酱和鱼汤，炖煮至土豆软烂、鱼肉松软，调味即可。

意式番茄肉酱
Sugo di Pomodoro

① 有多少个制作意大利面酱的人，就有多少种制作方法。意大利人总爱说，没人做的面酱和自己妈妈做的味道一样，事实就是如此："千人千面（酱）"。

② 做酱的基本原理很简单：用好食材，再给酱汁充分的浓缩时间。比如，用两个小时来冷却酱，算不上特别长。这样的食物，看似例行公事，其实包含着无穷变的可能，各种食材都可以试试看，每个步骤都不能忽略。一份简单的意大利面酱，永远都不会让你觉得闷，而且还会成就感十足。

③ 美味的意大利面酱自然要配口感弹爽的意大利面才够完美（意面最合适的口感用英文讲，叫 al dente）。煮意面自然也有诀窍，取一只深锅，水量要足。水烧开后先放一撮盐，提前调味并且保证意面的弹性，注意煮面的时候面身的硬度，一般细面煮 8 分钟。没经验的话就挑出一根尝一尝，口感是无硬心但是有弹性的，马上关火捞出。

张际星
美味关系创始人，知名餐饮品牌营销专家

食材

橄榄油 2 勺、黄油 30 克、白洋葱 1 个、西芹 1 根、大蒜 4 瓣、牛绞肉 500 克、帕尔马火腿 50 克、红酒 300 毫升、奶油 30 毫升、去皮番茄罐头 1 罐、月桂叶 2 片、干牛至 1 茶匙、新鲜番茄 200 克、盐适量、黑胡椒适量

做法

① 新鲜番茄去皮切小块，大蒜切末，西芹切丁，洋葱切丁，火腿切丁；

② 炖锅加热，放入橄榄油和黄油，加洋葱丁炒香，再加入西芹粒，小火炒 3 分钟；

③ 把锅中蔬菜用铲子挪到一边，倒入蒜末、火腿丁、牛绞肉，煎至肉末变色，把蔬菜和牛肉翻拌均匀；

④ 放一撮盐，搅匀后倒入 30 毫升奶油，再倒入葡萄酒，大火让汤汁沸腾，至酒精挥发；

⑤ 加入番茄块和去皮番茄罐头，混合均匀，加入月桂叶、干牛至、盐和黑胡椒；

⑥ 调小火，加盖炖煮约 1 个小时，要勤于搅拌，直至肉酱熬制得细腻浓郁。

燕麦粥
Porridge

❶ 煮粥是很便捷的一种早餐形式，很多人觉得粥太普通，不值得一提，也不值得去做。其实还是很值得做做的，只是不能用毫无快感的速成方式去煮。

❷ 燕麦粥也是"无穷变"的，它的最基本形式无非是水、燕麦和盐，加热并搅拌。很简单，对吧？可事实证明，没有两个人会以完全相同的方式煮。你会提前一夜浸泡燕麦吗？用燕麦粉（极细、精细还是中等）还是燕麦片（大片还是小片）？粥里掺奶吗？如果掺，什么时候掺？你是一开始就把燕麦加到水里，还是等水烧开了再加？熬多长时间？熬到清还是稠？额外加些什么吗？干果？蜂蜜？红糖？糖浆？是不断搅拌，还是偶尔搅一两下？这似乎是一堆相当细微的选择，但这些有限的变量里蕴含着无穷的变数。秋天，我偶尔会把粥跟苹果、黑莓做的糖渍果盘一起上桌，糖渍果盘用平底锅热一下，加少许蜂蜜，或者什么也不加，苹果的甜味足够了。

❸ 不管怎么熬，粥都证明：只要付出一点点简单的小努力，就能带来巨大的回报，看似需要花时间的事情，也会把时间还给我们，看似无聊的健康食物同样会带来愉悦，故此，美德本身可远远比它带来的回报更有意义。

食材

桂格燕麦（即食）120克、全脂牛奶200毫升

做法

牛奶放入锅中，煮到待开还未开的时候，放入燕麦片，小火煮5～10分钟，麦片充分吸收牛奶，涨发即可。

刘 鹏

Yi-House Art Hotel 行政总厨

什锦果麦

Granola

🍴 有一件事我素来引以为做，我在家基本上不吃任何加工食品（当然了，奶酪和意大利面等基本食材，没有不加工的）。唯一的例外是什锦果麦，但其实市售果麦里含有大量的糖和油。我自己做了很多次尝试，最后找到了非常接近的好东西，把纯燕麦、坚果跟浓缩苹果汁混合浓稠，然后平铺在烤盘里，以140摄氏度的温度烤制，不时搅拌，烤到上色后，从烤箱里拿出来，让它继续干燥、冷却。

🍴 我是不是有点太喜欢自己动手了？其实我也找到了两三种比较健康的盒装成品。从某种程度上说，在现代社会，经常自己动手做饭是有闲人的特权（至少也得时间灵活）。其实我想说的是，如果现成的挺好，不见得非得自己做。

食材

大粒燕麦片100克、桂格燕麦片80克、蜂蜜20克、
提子干5克、榛子15克、杏干10克、苹果干10克、
香蕉干5克、核桃仁15克，无糖酸奶适量

做法

❶ 将杏干和苹果干切成小块，然后将所有食材混合，
再加蜂蜜搅拌均匀；

❷ 烤箱预热到110度，把搅拌好的食材放入烤盘，烤
制3～4个小时，将所有食材烤干；

❸ 把无糖酸奶和烤好的果麦搅拌，即可食用。

汤 *Soup*

🍴 汤一直是减肥人群的首选，它的妙处在于，做法简单，但变化丰富，可实验的空间大，基本上是水和蔬菜，就算你并未消耗太多的热量，也可以想喝多少就喝多少。汤一度显得有点过时，或许是因为容易叫人联想到 20 世纪 70 年代地方小酒馆提供的毫无新意的"当日例汤"（几乎一概是奶油番茄汤）吧。

🍴 炖汤的时候，有时会用到高汤，几乎所有厨师都会告诉你，要自己炖高汤。尽管我做饭几乎全都用新鲜食材，但炖高汤的时间还是不怎么够，所以大多数时候，我会用肉汤。我还会用香料和草药，这样也能获得浓郁的汤味。汤是美味还是平淡，香料往往是关键因素。还是那句话，用什么样的组合要去尝试。

🍴 汤煮多久好呢？还是因人而异。但用小火慢慢煨上两个小时真的会得益良多，我的意大利奶奶就是这么做蔬菜面条汤的。慢炖，能让香味真正浓缩到一起。

陈珊珊
知名营养师、美食作家

吃的美德

食材（两人份）

小胡萝卜 30 克、西芹 30 克、洋葱 30 克、土豆 30 克、香肠 30 克、Orzo 意大利面 50 克、油 1 茶匙、盐 2 茶匙

做法

❶ 将胡萝卜、西芹、洋葱、香肠和土豆切丁，锅中放油将洋葱丁、香肠丁炒香，再放入胡萝卜丁、西芹丁和土豆丁，加入约 400 毫升水，煮开转小火；

❷ 另起一锅煮意大利面，水开放入 Orzo，煮约 3 分钟后，捞出沥去水分放入蔬菜汤中，再小火开盖煮约 8 分钟即可。

蛋炒饭 *Egg-Fried Rice*

🍳 精心利用剩饭菜，是对食物适当表示感恩和尊重的一种方式。米饭是最容易煮多的食物，处置剩饭的最好做法，就是拿鸡蛋或者其他东西（看看冰箱和碗橱里还剩了些什么可用的）炒一炒。是喜欢吃软乎乎的鸡蛋，还是喜欢吃略脆的，又或者介乎两者之间的任何软硬度，全看你的心情。不管怎么说，不把剩饭扔掉，不光会让你觉得心中舒坦，还会带给你一顿方便又好吃的午餐。

黄 磊

著名演员
"黄小厨"品牌创始者和主理人

食材

米饭、鸡蛋、葱、盐、生抽、胡椒粉各取适量

做法

① 葱切成葱花；

② 锅里倒入少量油，将鸡蛋的蛋黄和蛋白分离，分别
放入油锅中翻炒，用铲子划成蛋黄碎和蛋白碎，盛
出来放在一旁备用；

③ 再倒入少量油，加入米饭、蛋碎、盐、生抽，翻炒，
再撒一些葱花和胡椒粉，翻炒几下即可出锅。

葡萄酒
Wine

🍷 要鉴赏葡萄酒的某些客观品质，用不着非得当个品酒的行家。只要关注饮酒体验的三个阶段，就能收获不少。首先，品尝之前用鼻子嗅；其次，感受酒入口之后的"前味"(attack)，酒味和口感非常鲜明；最后，还有"余味"(finish)，不同的口味结合后在口中留下的回味。

🍷 巴里·史密斯是引我入门的人，他说："一旦喝过口感既复杂又协调，兼具诱惑的美酒，一定会有豁然开朗的感觉，类似那种超越平凡的美。"这一层次的欣赏，当然不仅限于葡萄酒。凡是有品质的饮品，包括啤酒、茶和咖啡，都具有值得关注的复杂性，当然，最便宜、最平淡的饮品不会带给你这种复杂性，此外，还有一种风险：当你真的产生了兴趣，花费也会越来越多。"迷上葡萄酒，可能会让你破产，"蒂姆·克兰曾经一边喝着酒，一边这样警告我，"但如果你具备真正欣赏美酒的财力、兴趣和能力，那就会物超所值。""高品质手工精酿葡萄酒的关键在于，"史密斯说，"让我有机会锻炼自己的感官享受能力，以及判断好坏的能力。"

🍷 并不是说越贵的酒总是更好。史密斯建议说："如果分辨不出25英镑跟200英镑的酒的差别，就别买200英镑的酒。买自己能够辨别的档次内最好的就够了。"不管你花了多少钱，最主要的是，别让它无声无息地从酒杯溜进肚子。

○布兰凯亚混合托斯卡纳干红葡萄酒
（ Brancaia TRE 2013 ）

产地：意大利布兰凯亚酒庄
葡萄品种：80% 桑娇维塞、20% 美乐和赤霞珠

○路莱达公主起泡白葡萄酒
（ Luretta Principessa ）

产地：意大利路莱达酒庄
葡萄品种：40% 霞多丽、20% 奥图戈和40% 棠比内洛

Omar Maseroli

Fiume、Mercante 商贾意大利餐厅主理人

吃的美德

墨鱼墨汁意面
Black Pici in "Salsa", lime marinated cuttlefish

🍴 看遍厨师们的访谈，他们都会说，餐厅烹饪跟在家做饭很不一样。但餐厅里有一些有趣且别具异国情调的事情，在家里也很容易办到。墨鱼墨汁意面就是这样一道料理，我大学毕业后在西班牙毕尔巴鄂教英语时学会的。

🍴 光看它的颜色，这道菜就很不寻常了，能叫人对你的厨艺留下深刻印象。或许这跟彼得·格林纳威（Peter Greenaway）的电影《情欲色香味》（*The Cook, The Thief, His Wife and Her Lover*）有些关系。片中的厨师阐述了一番原则："凡是黑色的东西，餐厅都要高价。"但是，他说的原因我不信："吃黑色食物就像是在消费死亡一样，类似说，'听着，死亡，我正在吃掉你。'"实在是牵强附会。

Chef Aniello Turco

四季酒店 Mio 餐厅主厨

食材

白洋葱1个、黑胡椒3克、橄榄油10毫升、粗粒小麦粉500克、250克水、黑墨鱼汁10克；墨鱼250克，柠檬2个，美乃滋少许

做法

❶ **制酱**：洋葱切细丝，放到冷的深平底锅中，加入橄榄油和黑胡椒，文火熬制成棕色焦糖状，冷却至80度，在搅拌机中搅拌10分钟；

❷ **做面**：将墨鱼汁倒入水中，搅拌均匀，然后将水和小麦粉混合，揉面，制作成细面条；

❸ 将洗干净的墨鱼在柠檬汁中浸泡一小时；

❹ 将细面在沸水中煮5分钟，加入洋葱酱调味，挤少许美乃滋在盘边做装饰，将煮好的细面装盘，墨鱼放在细面上，即可。

吃的美德

午餐的步调

> 在许多城市，找到价格合适的一道好汤、一份好三明治并不难——所谓好，就是说，从食材和新鲜度上来说，接近自家制作。吃到这类东西，不用自己做，任何人都不会感觉太糟。毕竟，欧洲推崇的午餐文化不是自己动手做来吃，而是在体面的餐厅或咖啡馆里吃。
>
> 非要自己准备午餐的话，我有两种备选方案。其一是在面包片里夹个烘蛋，比夹大多数其他的东西都更有趣。较之乏味冰冷的煎蛋，意式烘蛋加入了香味浓郁的食材，口感大大提升。其二是中东小米，你可以提前一天做好，一部分当天吃，另一部分第二天吃。我们给出的中东小米是豪华版本的，你也可以做出简易版本。
>
> 当然，如果你像吃外卖三明治那样，三口两口就把午餐解决掉，也没人拦得住你。怎样吃午餐跟午餐吃什么同样重要——生活亦然。

Chef Marino D'Antonio

Opera Bombana 意大利餐厅行政总厨

吃的美德

那波利意式烘蛋
Frittata Napoletana

食材（六人份）

鸡蛋 10 个、水牛马苏里拉奶酪 250 克、意大利培根 150 克、洋葱 50 克、奶油 50 克、意大利细面 Spaghetti 100 克、帕马森干酪 50 克、橄榄油 20 克、盐和黑胡椒少许

做法

❶ 培根切成约 1 厘米见方的小块，放入加热的平底锅，煎出油后，将培根移出锅，加入洋葱碎，当洋葱变得金黄，移出锅，放入大碗；

❷ 取一深锅加水，煮细面约 5 分钟后，沥水、冷却；

❸ 在大碗中加入鸡蛋、水牛马苏里拉奶酪、奶油、帕马森干酪、橄榄油、盐和黑胡椒，用搅拌器搅拌均匀；

❹ 用煎洋葱的平底锅，放入打散的鸡蛋液，待其凝固，每面各煎 5 分钟后即可装盘，配以自己喜欢的新鲜蔬菜和酱汁一起食用。

吃的美德

西西里中东小米
Cous Cous alla Siciliana

食材

中东小米 400 克、石斑鱼 1 千克、鱼汤 1 升、橄榄
200 克、意大利酸豆 200 克、甜椒 100 克、茴香 50 克、
大蒜 20 克、橄榄油 100 克、百里香 10 克、柠檬 3 个

做法

❶ 鱼汤煮沸，加入中东小米，煮熟后，放置冷却；

❷ 将所有蔬菜和橄榄切小块，柠檬切片，放入甜椒
和大蒜烤箱烤至熟透；

❸ 石斑鱼净膛洗净，把柠檬片、大蒜瓣和新鲜百里
香塞入鱼腹，鱼两面各煎一分钟，放入预热 180 度
的烤箱，烤制 30 分钟；

❹ 将切块的蔬菜、橄榄放入中东小米，拌匀后放入盘
中；在周围放上烤后的甜椒和大蒜；再将烤熟的石
斑鱼放在小米上，将西西里橄榄油和海盐撒在上面，
即可食用。

辣酱蔬菜
Chilli Non Carne

🍴 有很多种菜肴，一个人都可以方便地做出来；还有一些菜肴，可以做成若干份，第二天拿剩下的部分加热一下就能吃，或者稍加变化，弄成另外一种菜式。辣酱蔬菜就是其中之一。这道料理并没有所谓的传统食谱，你可以参考下面的食谱实验出自己的版本。一定要使用辣椒，新鲜的、干的都可以。份量多少真的很难说，要看辣椒有多辣，以及你喜欢多辣。再随意加入自己喜欢的蔬菜、豆类和香料。如果等到第二天再吃，还可以在加热时打个蛋，蛋黄凝固之前盛出。

食材

新鲜辣椒 1 个、大蒜 2 瓣、茄子 1 根、芦笋 50 克、蘑菇 50 克、孢子橄榄 80 克、玉米笋 50 克、罐装红腰豆 50 克、黄豆酱 1 勺、番茄酱 1 勺，现磨黑胡椒、孜然、糖、盐、食用油适量

赵歆宇

美食菜品设计师、生活美食作家

做法

❶ 茄子、蘑菇切块，辣椒、大蒜切末，芦笋切5厘米长的段，孢子橄榄洗净后放入开水中略焯2分钟，捞出待用；

❷ 锅中倒入多出炒菜量三倍的油烧热，放入茄子块炸至金黄，捞出待用；

❸ 热锅，倒适量油，放入蒜末、孜然爆香，倒入黄豆酱、番茄酱炒制约1分钟。放入剁碎的辣椒末，改中小火熬酱约两三分钟，加一点糖来调味；

❹ 在炒好的辣椒酱中放入蘑菇块、玉米笋、孢子橄榄和芦笋翻炒，让辣椒酱均匀裹住蔬菜；加入大约30毫升水，放入茄子块和红腰豆，转小火微炖3分钟，收到汤汁浓郁，用盐和黑胡椒适当调味即可。

中东开胃菜 *Meze*

🍴 中东开胃菜大概可算最为典型的分享餐，尤其因为它属于奥斯曼文化的一种进食风格，现已传遍世界各地。它最主要的特点是朴实简单，香味离农场的土壤似乎只有几步之遥。

🍴 中东开胃菜的主要菜式是鹰嘴豆泥、茄子泥，还有皮塔饼。"同伴"(companion)这个词，从字面上看，就是一起分享(com-)饼子(pan)的人。因此，新鲜出炉的面饼，是表现人类结合感官快乐、创造力、智慧和社交能力的最合适象征之一。

侯德成

西餐教育专家

北京市商业学校商贸旅游系国际酒店专业主任

烤茄子泥

○ **食材**：长茄子500克、甜椒粉5克、孜然5克、大蒜1瓣、橄榄油15毫升、盐适量

○ **做法**：❶ 烤箱预热230度，将茄子烤至表皮黑褐色且脆，取出后趁热把茄子表皮撕掉；

❷ 锅中放橄榄油，加入蒜碎炒一会儿，再加入茄子泥，转小火，慢慢熬制，用勺子将茄子泥压得更细一些，最后放入盐调味。

酸奶黄瓜

希腊酸奶60毫升、黄瓜40克、盐适量，黄瓜去皮去籽，切块，和希腊酸奶搅拌均匀。

鹰嘴豆泥

○ **食材**：干鹰嘴豆100克(需要用水泡一宿，用清水煮熟，直到软烂)、白芝麻酱20克、柠檬汁10克、橄榄油50毫升、干葱碎5克、盐、胡椒粉适量

○ **做法**：

❶ 提前一宿泡好的鹰嘴豆放入清水，煮熟至软烂；

❷ 干葱炒香，放入鹰嘴豆，再放入白芝麻酱、 柠檬汁、水，用打碎机打碎；

❸ 过筛后再放入橄榄油、盐和胡椒粉调味。

Pita 皮塔饼（口袋饼）

○ **食材**：高筋面粉300克、全麦面粉50克、砂糖10克、橄榄油20毫升、酵母10克、水90毫升、盐7克

○ **做法**：❶ 高筋面粉和全麦面粉过筛，放入搅拌锅里，依次放入糖、酵母、橄榄油、盐和水，和面；

❷ 待面团上筋后取出，自然发酵；分面团，再次发酵；烤箱预热180度，把面团擀制成小圆饼后，放入烤箱烤熟。